序

筆者一直在國小服務，但對資訊相關技術有著濃厚的興趣，在在職進修唸完台灣科技大學資管系博士班以後，開始覺得需要將自己的所學回饋給教育界，因此，創立了 bDesigner 這套軟體。

一開始這個軟體是以 Scratch 為出發，在完成 Arduino Uno 控制後，慢慢地也加入像是 nodeMCU、Micro:bit、ESP32 和 PocketCard，之後更在其上添加了 Blockly、MakeCode 和 App Inventor 等各種積木軟體，應該是市面上涵蓋最多積木軟體的軟體，隨著個人的開發，檔案也越來越大，涵蓋範圍越來越多。

這本書主要是為了要教授個人開發的 Blockly 積木軟體，這套積木軟體可以用來開發 ESP32 和 ESP32CAM，其中包含物聯網與 AI 的相關設計，對於想要開發這類程式卻苦無入門方式的人，這本書是一個不錯的選擇，在開發板選擇上，本書挑選了國內凱斯電子所開發的 PocketCard，它是一塊 ESP32 教學板，搭配 PocketCam 擴充板就可以變成一塊 ESP32CAM，非常適合學習使用。

會有出書的念頭，主要是想將自己的軟體推廣出去，利用出書推廣是一個不錯的構想，但對於一個不太善文筆的我，卻是一個難以立下決心的一個決定，或許書中的內容並未盡善盡美，但卻是筆者辛苦的結晶，這套 bDesigner 還在不斷地開發中，在使用上如果有任何問題或是意見，歡迎來信詢問，你寶貴的意見都是 bDesigner 開發的下一個目標與動力，希望你們會喜歡這本書跟 bDesigner 這套軟體，本書各章節範例放在 https://reurl.cc/GbymXp。

蔡佳倫

Email:crousekimo@yahoo.com.tw

Arduino 在教育界已經流行一陣子了，功能也不再侷限於自走車和機器人等硬體控制了，以目前正夯的物聯網、人工智慧也正在教育界開始流行，Arduino 已經從大學、高中職，慢慢向下延伸至國中、小，但對於物聯網、人工智慧的初學者來說，使用文字式程式語言有一定的門檻在，桃園市八德國小蔡佳倫老師針對時下最新的 ESP32 開發板，設計了一系列的積木，能有效的幫助初學者和國中、小學生，更容易的接觸開發物聯網、人工智慧等相關的程式。

筆者在高職任教近 20 年，深知許多學生學習控制相關程式，大都是因為技術難理解而卻步，蔡佳倫老師的 bDesigner 軟體已將主要的技術包在積木中，初學者可以避開艱深的技術直接使用，很容易因此產生更多創意的發想，不會因為技術門檻而抹滅自身良好的創意，bDesigner 是一套對於初學者學習自走車、機器人、物聯網和人工智慧等教學最好的選擇之一。

康文耀

Email:hs13991@gapp.hcc.edu.tw

 目錄

Part 3 　外部硬體控制

Part 4 　網頁與網頁伺服器控制

目錄

Part 5　藍芽、UDP 與 MQTT 控制

Part 6　其他的網路服務

Part 7   PocketCam 的使用

Part 8   PocketCam 進階人工智慧

附件一、Blynk APP

Part 1

開發板與軟體介紹

1-1 認識 ESP32

ESP32 是上海樂鑫信息科技公司所研發的 32 位元雙核心開發板,這塊開發板不但腳位多,計算能力強,甚至可以做成掌上型遊戲機,直接可以當作任天堂紅白機使用,而且同時更結合了 Wi-Fi 和藍芽,可以用於遠端控制,在使用上,可以用 Arduino IDE 進行開發,價格又很平易近人,因此深受 Maker 的喜愛。下圖為 NodeMCU-ESP32-S,這款開發板的晶片為 Tensilica Xtensa LX6 微處理器。

▲ 圖 1-1-1 ESP32-S 照片

現在市面上有很多不同的 ESP32 開發板,常見的有 NodeMCU-ESP32-S、ESP-32S、Goouuu-ESP32 等等,特殊用途的有 ESP32-Aduio-Kit、ESP32-EYE 以及 ESP32-CAM 等等,除了這些開發板外,為了讓學生可以快速上手,還有著各式各樣的教學板,這些開發板跟教學板著實讓人眼花撩亂,但這也說明 ESP32 這塊開發板可以做的用途很多,運算能力十分的強大,比較要注意的是,大部分的 ESP32 開發板都有 3.3V 輸出,少部分的 ESP32 開發板有 5V 輸出,所以在購買時,要先想一下自己的需求再挑選適合的板子。

下面我們特別介紹一款 ESP32-CAM 開發板,如下圖,它是一個內建 CAMERA 的 ESP32 開發板,因為啟動 CAMERA 需要更大的記憶體容量,所以,這類型的板子,在記憶體上都會來的比較大些。除了 CAMERA 以外,上面也配有 SD

卡模組，可以將拍到的影片跟照片存放在 SD 卡模組，當然，因為本身也有 WIFI，所以可以將照片跟影像上傳到網路，十分方便！

▲ 圖 1-1-2 ESP32-CAM

但這塊板子在使用上比起其他的開發板要來的麻煩些，因為沒有 USB 介面，所以通常需要搭配 USB 轉接 TTL 的模組，並且用杜邦線串接，而且燒錄跟使用都必須要接上或是拔除一條杜邦線，所以十分的麻煩！樂鑫公司也有推出有 USB 介面的 ESP32-CAM，叫做 ESP32-EYE，如下圖，但價位比較高些，所以可以斟酌使用，目前也有廠商做出專屬 ESP32-CAM 的 USB 模組，可以買回來搭配使用。

▲ 圖 1-1-3 ESP32-Eye（圖片出處：樂鑫公司）

沒有 USB 介面，或許有人會問，那要怎樣可以看到視訊影像呢？ ESP32-CAM 在使用上是透過 WIFI 傳輸影像，因此，在燒錄好經典範例 CameraWebServer 之後，這個經典範例程式會在開發板上建立一個網頁伺服器，這時，用你的電腦或是手機就可以開啟這個網頁伺服器，這個網頁伺服器不只是輸出影像，還可以讓你控制影像的各種影像控制，另外，除了網頁伺服器以外，還可以進行簡單的人臉偵測與人臉辨識等等，可以說是功能十分強大，但相對的，因為部分的腳位需要提供給 CAMERA，所以，腳位比較少了一點。

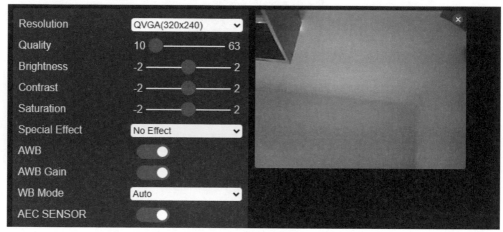

▲ 圖 1-1-4 ESP32Cam 視訊官方控制介面

在了解了 ESP32 開發板以後，接下來我們要認識一下擴充板，擴充板顧名思義，就是要擴充開發板的功能，舉例來說，大部分的開發板都只有一個 3.3V 或是 5V，如果要插多個感測器時，一個 3.3V 或是 5V 就顯得不足，這時，最簡單的方法是將其外加一個擴充板，讓你有更多的 3.3V 跟 5V 可以使用，另一個最常見的擴充板是電機擴充板，在處理馬達時，大部分的開發板都得要外接 L298N 等馬達驅動模組，接線十分的麻煩，這時，你可以透過馬達擴充板來快速驅動馬達功能，也有所謂的教學擴充板，教學擴充板大部分除了擴充 IO 腳位以外，還提供一些已經接好的感測模組，這樣你就直接使用感測模組，方便學習，如下圖為 Microbit 搖桿用擴充板。

▲ 圖 1-1-5 Microbit 搖桿用擴充板

對於新手，要進入到 ESP32 這個領域，一開始難免會手忙腳亂，因此，建議剛開始學習，可以選擇教學板來使用，搭配一些容易上手的軟體。在本書中，將介紹一套由台灣自主研發的一塊 ESP32 開發板— PocketCard，如下圖，這塊開發板由台灣凱斯電子所開發，另外，也介紹另外一個由作者所研發的積木軟體— bDesigner，它可以透過 Arduino IDE 進行燒錄，使用上比較簡單方便。

凱斯電子 PocketCard 其實分成了，PocketCard 和 PocketCard Lite，兩個差別在於一個放了九軸感測器，另外一個放了三軸感測器，因為當初九軸感測器價格上揚，改用了三軸感測器替代，另外，板載 LED 燈顏色也有所不同，現在 PocketCard 已經不販售，只剩下 PocketCard Lite，因此本書中的 PocketCard 都是指 PocketCard Lite，如果是拿到 PocketCard 的使用者，本書大部分的內容都可以使用，唯獨板載 LED 燈和九軸感測器改三軸感測器要特別注意。

▲ 圖 1-1-6 PocketCard Lite 開發板正反面

1-2 PocketCard 開發板與 bDesigner 軟體介紹

在介紹軟體前，我們先介紹一下 PocketCard 這塊 ESP32 開發板，也可以簡稱為 Pocket，如下圖 1-2-1，這塊開發板主要是由國內凱斯電子科技公司所開發，這塊 PocketCard 開發板已經有多個模組在上面，還做到只有信用卡大小，目前配有 OLED、蜂鳴器、一個 WS2812 燈、兩個按鈕、兩個光敏感測器、溫度感測器等等，而且體積非常小，方便攜帶，使用上十分簡單，特別適合學習使用，初學時可以不用插任何的杜邦線，它還相容於 Microbit 的相關擴充硬體，所以，你可以找 Microbit 的相關硬體來使用，甚麼是 Microbit？它是一塊由英國 BBC 設計來進行硬體教學的開發板，而後這塊開發板交由非營利性 Micro:bit 教育基金會來進行推廣國中小資訊教育，現在已經在全世界進行發行，且有多個電腦公司替其設計了各式各樣的擴充板，但 Microbit 這塊板子都由微軟研發的 Makecode 軟體來進行教學，使用的年齡層多為國中小，使用方式比較簡單，而 PocketCard 則屬於比較高階的 ESP32 開發板，因此，你可以將這塊板子視為更高階的使用，但又可以相容於 Microbit 的擴充板。另外，凱斯電子也根據 ESP32 的特性，開發了 Camera 擴充板，如下圖 1-2-2，這也是為什麼前面利用了點篇幅來介紹 ESP32-CAM 的原因，未來還有其他的擴充板加入，利用音訊板等等，使用性極高。

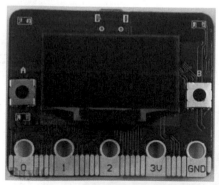

▲ 圖 1-2-1 PocketCard 開發板

▲ 圖 1-2-2 PocketCam 擴充板

bDesigner 是作者自行研發的一套軟體，它可以燒錄多種硬體，目前有 Arduino、Nodemcu 和我們本書的主角— ESP32，目前針對 PocketCard 有特別進行優化，原本的 Arduino IDE 在使用時，需要先設定好 ESP32，再從 ESP32 下載需要的函式庫，但 bDesigner 有內建的 Arduino IDE 可以使用，並且可以透過一鍵安裝的方式，直接就裝好，在第一次啟動時，會將所需的函式庫直接裝到你的電腦上面，除非某些電腦因為有權限的問題，而無法進行函式庫的安裝，後面也會說明一些故障排除的方法給各位，下面來說明安裝與啟動方法。

Step 1　請從網頁上下載安裝檔，你可以直接在 google 上打上 bDesigner，直接從網站上下載，或用網址 https://reurl.cc/mvjKNI 下載 Blockly 單獨版本，bDesigner 更新很快，所以你現在拿到的版本可能跟本書附的圖片版本不太一樣，但還是可以用。

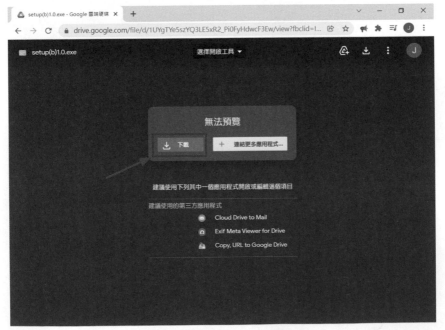

▲ 圖 1-2-3　bDesigner 的下載網頁

Step 2 點擊下載後，因為檔案太大，會再進入到下一個仍要下載網頁，請點「仍要下載」按鈕。

▲ 圖 1-2-4 仍要下載網頁

Step 3 到下載資料夾中，點擊 bDesigner 程式。

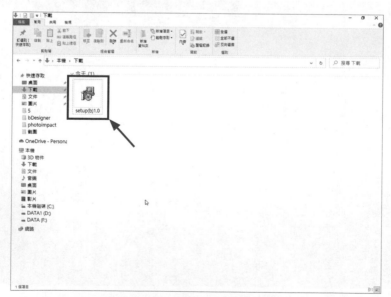

▲ 圖 1-2-5 下載好的 bDesigner 檔案

Step 4 如果出現是否確認安裝，請點選仍要安裝。

▲ 圖 1-2-6 確認是否安裝

Step 5 一開始安裝時，會跳出 Install for all users 和 Install for me only 選項，請確認你登入電腦的帳號是否是管理者權限，如果不確認，請選 Install for me only，如果有，請選擇 Install for all users。

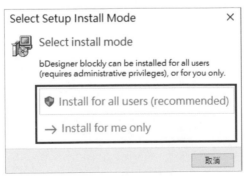

▲ 圖 1-2-7 選擇安裝模式

Step 6 這時，就會正式進入到安裝畫面，請勾選「Create a desktop shortcut」，接著點選「Next」按鈕。

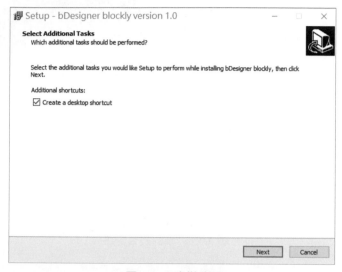

▲ 圖 1-2-8 安裝畫面 1

Step 7 接著點選 Install 按鈕，即可開始安裝。

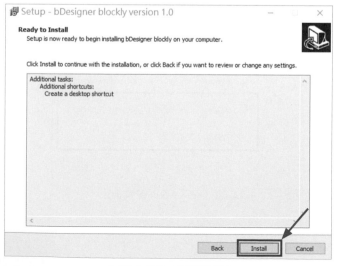

▲ 圖 1-2-9 安裝畫面 2

Step 8 等過一陣子後，就可以看到安裝完畢的畫面。

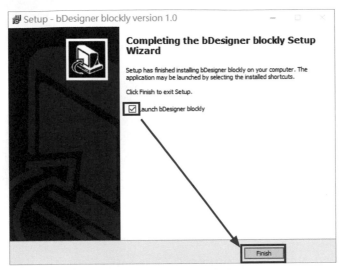

▲ 圖 1-2-10 安裝結束畫面

Step 9 安裝完後，第一次啟動主畫面會將安裝檔中的設定檔案複製到電腦中，所以會比較久些，這時會有個提醒視窗，這個視窗會顯示下面字樣，之後就不需要了，請耐心等候。第一次啟動，系統建置中，請耐心等候，勿再開啟 bDesigner。

Step 10 當主畫面出來後，這樣就正式安裝完畢。

▲ 圖 1-2-11 挑選 C Blockly 直接進入軟體

Q&A：有些電腦在啟動 C Blockly 後有閃退的現象，這是因為有些電腦的 opengl32sw.dll 遺失，這通常是因為顯示卡安裝不完整，請將 C:\bDesigner(Blockly)\ 閃退處理 \opengl32sw.dll 安裝到 C:\Windows\System32\ 中

1-3　bDesigner 環境介紹

本書主要是操作 bDesigner 中的 C Blockly，而 bDesigner 的 C Blockly 是由微軟的 MakeCode 的 Blockly 積木所改造，這組積木，有許多舊版的 Blockly 所不具備的特色，這些，在後面會一一介紹，現在讓我們先介紹一下整個 blockly 的使用環境，bDesigner 的 C blockly 可以分為下面幾個部分：

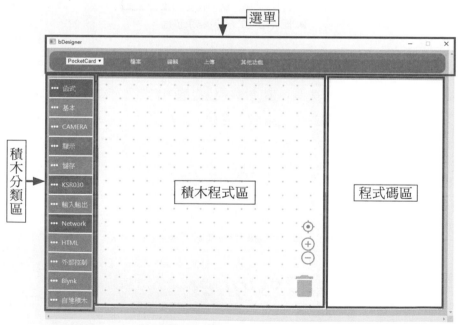

▲ 圖 1-3-1 C Blockly 環境介紹

選單：選單除了之前提到的，可以選擇哪個開發板的積木以外，還包含一些下面選項：

- **檔案**：包括另存新檔、開啟積木檔
- **編輯**：回上一步、回下一步、清除全部
- **上傳**：用 IDE 開啟、一鍵上傳
- **監看**：序列埠監看。

積木分類區：積木分類區主要將積木按照其功能，分成了十七個部分。

積木程式區：當你將積木從積木分類區拖曳過來後，可以在這邊組成所需要的積木，右下角有積木置中、放大、縮小及垃圾桶功能可供使用。

程式碼區：根據你在積木程式區，動態的產生程式碼。

接下來，教大家如何開啟 C Blockly，並做一次「用 Arduino IDE 開啟程式碼並燒錄」與「一鍵燒錄」，讓讀者們更了解這個軟體的使用，這兩個活動都只是讓你了解如何使用燒錄功能，還看不到任何特效，等後面的章節，就會開始教各位如何控制各種硬體。

活動一 用 Arduino IDE 開啟並燒錄程式

活動說明：在這個活動，我們進行了第一次燒錄，讓你了解如何用這個 blockly 打開 Arduino IDE 並燒錄。

- **使用積木：**

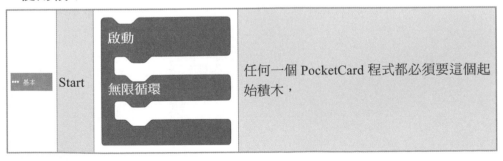

基本	Start	啟動 無限循環	任何一個 PocketCard 程式都必須要這個起始積木，

● **動手實作：**

(1) 先開啟 bDesigner 的主選單，軟體選「C Blockly」，然後按下「開啟程式」。

(2) 開啟 Blockly 後，左上角，將 arduino 改成 PocketCard。

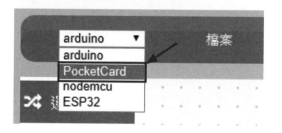

(3) 當換成另外一種開發板後，你會發現，積木也不太一樣。

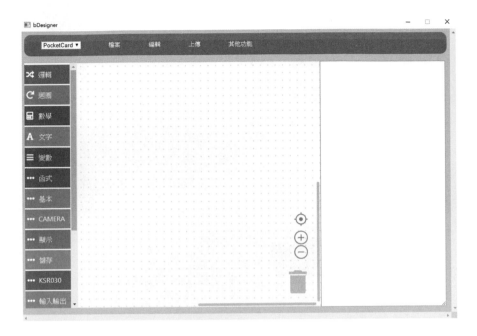

(4) 先從基本的 Start 中拉出一個起始積木。

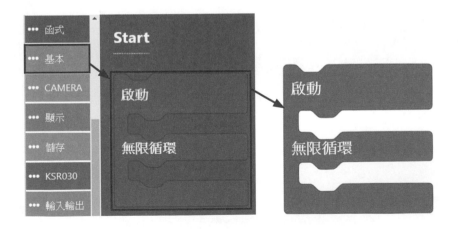

(5) 當拖曳過後，你便可以看到有程式碼的產生，這個就是對應的 C 語言程式碼。

這邊要特別說明這個起始積木，它可以分成三個不同的放置部分：

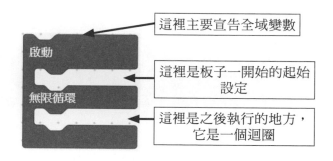

(6) 點一下上方選單的上傳，你可以看到有「用 IDE 開啟」跟一鍵燒錄的選項

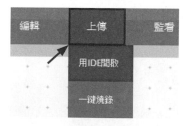

(7) 選擇用 IDE 開啟。

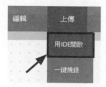

(8) 啟動時會先詢問，你用的是 Pocket 還是 PocketCam，請視情況使用，如果是前面的章節，用 Pocket 即可，但是如果是後面 PocketCam 視訊的章節，請用 PocketCam 這個選項，這邊我們先以 Pocket 的使用，選完後點選 "OK"。

(9) 選擇 OK 後，等一下子，內建的 Arduino 就開啟，

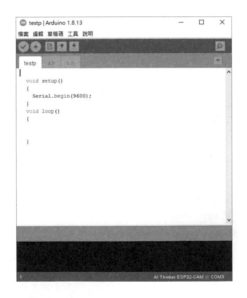

(10) 如果要手動燒錄，記得要先檢查一下，板子是否正確，設定開發板在「工具」-> 開發板 ->ESP32 Arduino，可以直接選擇 AI thinker ESP32-CAM 進行燒錄。

PS；因為 PocketCard 已經具備有 ESP32-CAM 的硬體規格，所以你可以直接用 AI thinker ESP32-CAM 來進行燒錄。

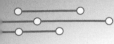

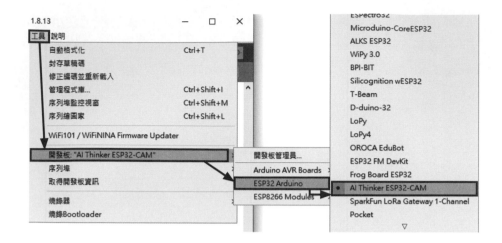

(11) 也要檢查一下，序列埠是否正確，序列埠在「工具」-> 序列埠中進行挑選。

(12) 最後，點選選單下面的燒錄圖示就可以進行燒錄。

學習如何用 Arduino IDE 進行燒錄是必須的，因為當你如果有任何燒錄失敗時，你可以進到這裡，觀看錯誤訊息，另外，你也可以了解如何用 Arduino IDE。

活動二 **用 Blockly 一鍵燒錄的功能**

活動說明：在這個活動，我們進行了一鍵燒錄的活動。

● **動手實作：**

(1) 先進行前面 1 到 5 的步驟。

(2) 點一下上方選單的上傳，你可以看到有「用 IDE 開啟」跟一鍵燒錄的選項

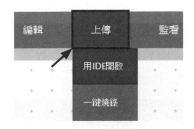

(3) 選擇用一鍵燒錄。

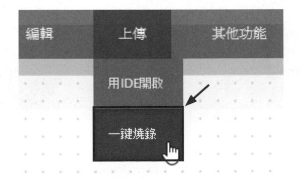

(4) 一鍵燒錄會先出現序列埠詢問，請填入正確的 COM Port。

(5) 接下來會詢問你用的是 Pocket 還是 PocketCam，除非你有用到後面的 PocketCam 程式碼，不然，即使接上了 PocketCam 擴充板，也還是用 Pocket 燒錄。

(6) 這時會出現一個 DOS 視窗進行燒錄，請勿關閉或是點擊它，點擊它會造成它靜止，如果不小心點到靜止了，再按個 Enter 即可，等到它自動關閉後，就代表它燒錄完畢。

Q&A：如果發生燒錄閃退現象，最常發生的原因是函式庫未自動安裝，這是因為程式權限不足，這時，請手動將 C:\bDesigner(Blockly)\Arduino15 整個資料夾複製到 C:\Users\ 你的使用者名稱 \AppData\Local

Part 2

PocketCard
板載感測器

重點
章節

2-1　OLED

2-2　可程式按鈕

2-3　WS2812 RGB LED

2-4　溫度感測器

2-5　光線感測器

2-6　蜂鳴器

2-7　三軸加速度感測器

PocketCard 開發板正面和背面含有多個輸入感測器和輸出模組,目前版本含有 1.3 吋 OLED、蜂鳴器 (含開關)、一顆 WS2812 全彩 LED、兩個可程式按鈕、兩個光線感測器、一個溫度感測器等 (如圖 2-1),本章將先就 PocketCard 板載感測器做逐一介紹,並利用板載感測器做範例練習實作,讓讀者對 PocketCard 開發板有初步的認識。

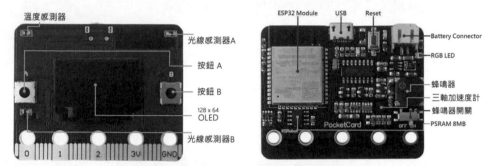

▲ 圖 2-1 PocketCard 板載感測器

2-1　OLED

PocketCard 開發板正面中間就是一片 1.3 吋的 OLED 顯示模組,由 128 x 64 個獨立的白色 OLED 像素組成, OLED 顯示器具有高對比度,因此,用來做為文字和圖形的顯示有很強的可讀性。OLED 是一種能發光的半導體電子元件,無需背光、顯示單元能自發光,主要被應用在顯示文字或圖形上,目前 OLED 已逐漸廣泛應用在各種尺寸的顯示器,包含大型電視、筆電、手機用螢幕,甚至是 AR/VR 頭戴顯示裝置中的微型顯示器。

PocketCard 開發板的 OLED 螢幕可以顯示文字與圖形,在 OLED 模組中有內建自己的記憶體,因此,如果沒有清除之前的畫面,之後顯示的內容都會疊加上去,在OLED座標系中,螢幕的左上角是原點(0,0),向右是 X 軸,向下是 Y 軸。。

| 活動一 | OLED 顯示英文字 |

活動說明：

在螢幕左上位置顯示「Hello World」(英文字的放置點為文字左上角)

新增積木：

••• 基本	Start		所有程式都需要此積木，包含： 1.「啟動」事件程式區塊，只在「送電」或「重置」開發板後，首先執行的程式碼區塊，一般用於程式的初始化設定 2.「無限循環」事件程式區塊，執行完「啟動」程式碼區塊，接著會一直無限重複執行此程式碼區塊
••• 顯示	Adafruit OLED		OLED 顯示英文、數字或符號，會在程式碼區塊中自動加入「清除螢幕」和「開始顯示」指令
			設定英文字體大小，最小字體為「1」
			指定文字的「左上角」位於 OLED 的座標位置；並設定輸出文字

2-3

● **活動流程：**

Step 1　程式中必需有「啟動…無限循環」程式積木作為程式的開始執行點，「啟動」事件程式區塊，一般做為開始執行程式的初始設定。

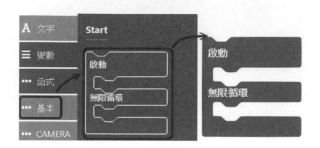

Step 2　1. 讓開發板送電後立即顯示「Hello World」文字，所以，將相關積木程式置於「啟動」事件程式區塊中。
　　　　2. 使用「顯示 OLED 頁面」積木區塊顯示英文、數字或符號。

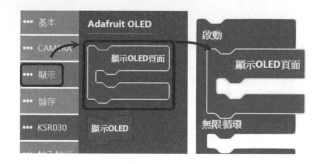

Step 3　設定英文字體大小 (預設為 1)，字體最小為「1」每個英文字佔 5x7 像素。

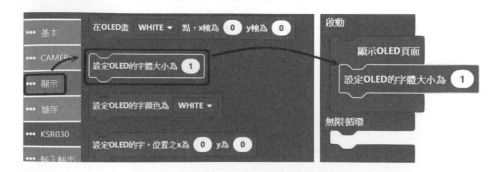

Step 4 設定欲顯示英文字「Hello World」的左上角於 OLED 的座標位置 (0,0)。

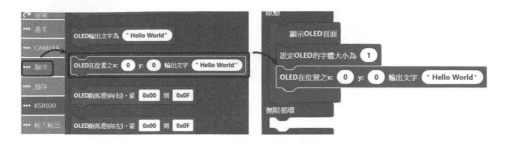

「顯示 OLED 頁面」積木區塊開頭會自動加入「清除 OLED」和下達「顯示 OLED」指令,上圖「啟動」事件程式區塊內的實際指令碼如下:

```
display.clearDisplay();          // 積木區塊開頭自動加入「清除 OLED」指令
  display.setTextSize(1);
  display.setCursor(0,0);
  display.println( "Hello World");
display.display();               // 積木區塊結尾自動加入「顯示 OLED」指令
```

完整程式碼:

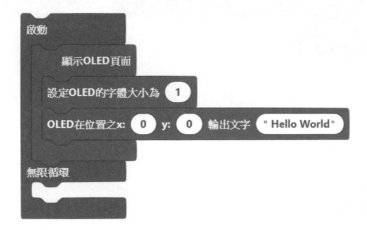

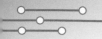
● 活動結果：

在 OLED 左上角顯示「Hello World」。

● **特別說明：**

如果要顯示的文字或圖形要疊加在原來已顯示的內容上，不需要清除之前的顯示內容，則可直接使用以下積木完成疊加顯示，特別注意：顯示的資料設定後，必需放一個「顯示 OLED」積木，才能正確顯示內容。

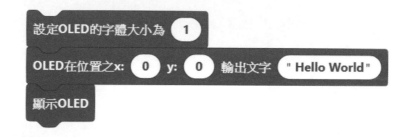

活動二 文字跑馬燈特效

● **活動說明：**

當使用「顯示」積木分類區中第一組 OLED 積木 (棕色積木) 所顯示的文字，可以加入跑馬燈效果。

以下範例使用 bDesigner 左側「顯示」積木分類區中的第一組「顯示 OLED 頁面」積木區塊，在螢幕左上位置顯示「Hello World」，並讓文字由左至右持續移動，當文字移動至螢幕最右側會再從螢幕左側進入。

● 新增積木：

••• 顯示	Adafruit OLED	OLED跑馬燈(向右)，從 **0** 到 **5** 列	指定的文字列由左往右移動

● 活動流程：

Step 1 　程式中必需有「啟動…無限循環」程式積木做為程式的開始執行點。

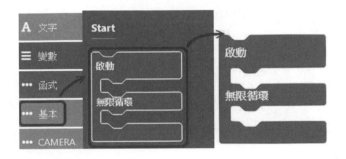

Step 2 　1. 讓開發板送電後立即顯示「Hello World」文字和跑馬燈特效，所以，將相關程式積木置於「啟動」程式碼區塊中。
　　　　　2. 使用「顯示 OLED 頁面」積木區塊顯示英文、數字或符號。

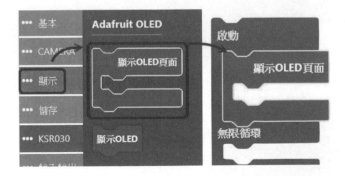

Step 3 　1. 設定英文字體大小為「1」。
　　　　　2. 設定欲顯示英文字「Hello World」的左上角於 OLED 的座標位置 (0,0)。

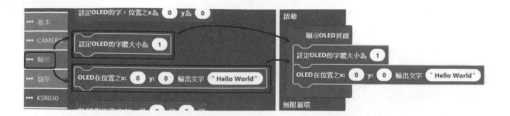

Step 4 設定文字跑馬燈由左向右移動 (向右)，預設第 0 列到第 5 列為移動文字。

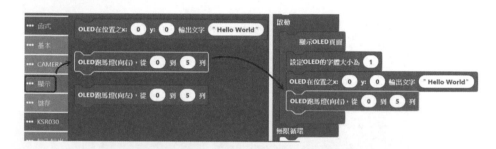

完整程式碼：

● 活動結果：

文字由左至右持續移動，當文字移動至螢幕最右側會再從螢幕左側進入

活動三 顯示 QR Code

● 活動說明：

「顯示」積木分類區中的第一組 OLED 積木，除了可以顯示英文字外也可以在螢幕上繪製線段和顯示 QRCode。

以下範例使用「顯示」積木分類區中的第一組「顯示 OLED 頁面」積木指令，在螢幕左側位置 (x=0) 顯示「https://google.com」所代表的 QR Code，在螢幕右側 (x=67) 顯示「google.com」文字，並在文字下方繪製一條水平線。

● 新增積木：

			設定
••• 顯示	Adafruit OLED	OLED畫 WHITE ▾ 色線，從x1 ⓪ y1 ⓪ x2 ⓪ y2 ⓪	設定畫線段的起始座標及結束座標
		qr code產生X軸 ⓪ 輸出 "Hello World"	在 OLED 指定位置，顯示由文字轉換而成的 QR Code (64x64 像素)

● 活動流程：

Step 1　程式中必需有「啟動…無限循環」程式積木做為程式的開始執行點。

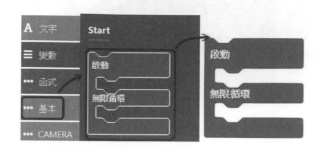

Step 2　1. 讓開發板送電後立即顯示「QR Code」和文字，所以，將相關程式積木置於「啟動」程式碼區塊中。
2. 使用「顯示 OLED 頁面」積木區塊顯示英文、數字或符號。
3. 設定英文字體大小為「1」。

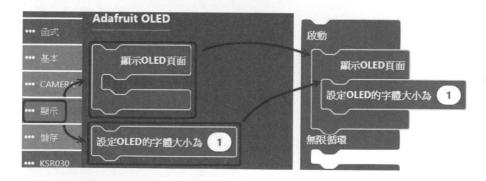

Step 3　設定欲顯示於 OLED 右側的英文字「google.com」，文字左上角於 OLED 的座標位置 (67 , 16)。

Step 4 在文字的下方畫一條橫線，從 (67, 26) 畫到 (128 , 26)，長度為 62 像
素的橫線。

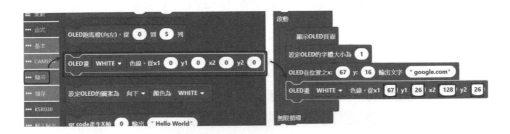

Step 5 QR Code 產生積木，設定起始位置 (x=0) 和對應二維碼的「https://
google.com」文字。

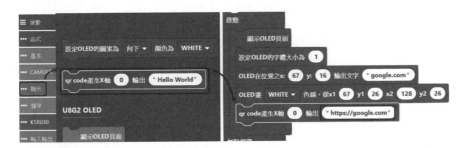

完整程式碼：

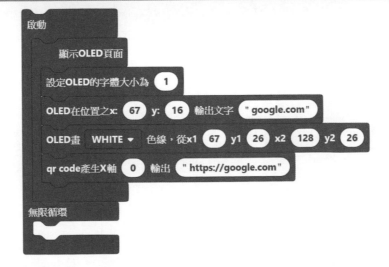

- 活動結果：

在螢幕左側位置 (x=0) 顯示「https://google.com」所代表的 QR Code

活動四　OLED 顯示中文字

- 活動說明：

當要顯示中文字時，需要使用到「U8g2 單色圖形庫」，此時需使用「顯示」積木分類區中第二組 OLED 積木 (綠色積木)，文字的左下角為放置點基準座標。注意：同一程式中只能使用其中一組「顯示」積木，否則會發生錯誤。

以下範例使用 bDesigner 左側「顯示」積木分類區中的第二組「顯示 OLED 頁面」積木區塊，執行後會在螢幕左上位置顯示「Hello World」，並於 1 秒後在螢幕左中位置顯示「世界」和「你好」的中文字，使用「顯示 OLED 頁面」積木區塊會先清除之前的畫面。

- 新增積木：

••• 顯示	U8G2 OLED	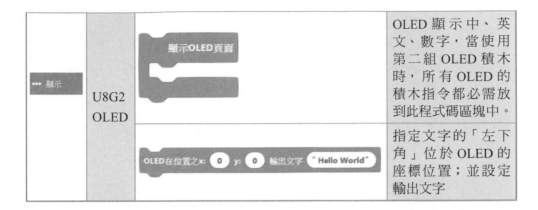	OLED 顯示中、英文、數字,當使用第二組 OLED 積木時,所有 OLED 的積木指令都必需放到此程式碼區塊中。
		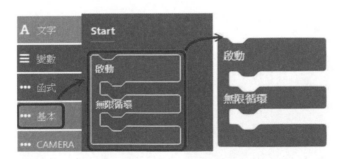	指定文字的「左下角」位於 OLED 的座標位置;並設定輸出文字

● 活動流程:

Step 1　程式中必需有「啟動…無限循環」程式積木做為程式的開始執行點。

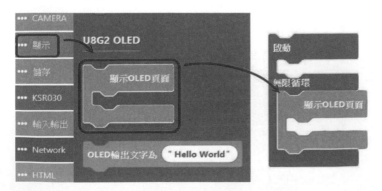

Step 2　1. 讓開發板重複文字切換顯示,所以,將相關程式積木置於「無限循環」程式碼區塊中。

　　　　　2. 使用「顯示」積木分類區中第二組 OLED 積木 (綠色) 中的「顯示 OLED 頁面」積木區塊來顯示中、英文字或符號。

Step 3 1. 在「顯示 OLED 頁面」積木區塊中準備放三組中、英文字,每隔 1
秒鐘切換一次顯示中、英文字。

2. 設定欲顯示的第一組英文字「Hello World」的左下角於 OLED 的
座標位置 (0 , 10)。

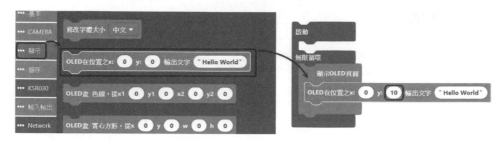

Step 4 暫停程式執行,將 100 毫秒改成 1000 毫秒 (1 秒)

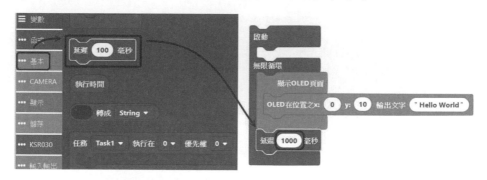

Step 5 在「顯示 OLED 頁面」積木上按滑鼠右鍵,「複製」一份顯示文字積
木至暫停程式執行積木下方。

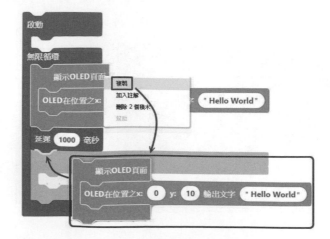

Step 6　1. 在第一組輸出文字積木上按滑鼠右鍵，「複製」出第三組輸出文字
　　　　　 積木至第二組輸出文字積木下方。
　　　　2. 再複製一份「延遲 1000 毫秒」積木至最下面。

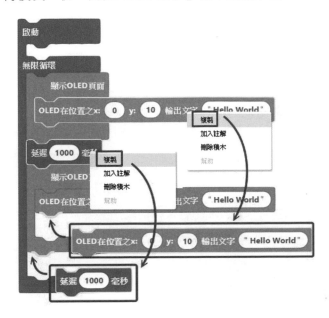

Step 7　1. 設定中文字「世界」的左下角從 OLED 的座標 (0 , 20) 開始顯示。
　　　　2. 設定中文字「你好」的左下角從 OLED 的座標 (20 , 40) 開始顯示。

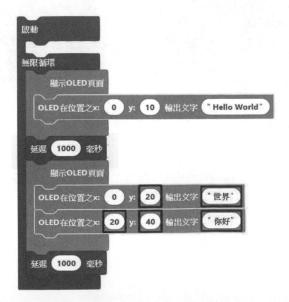

完整程式碼：

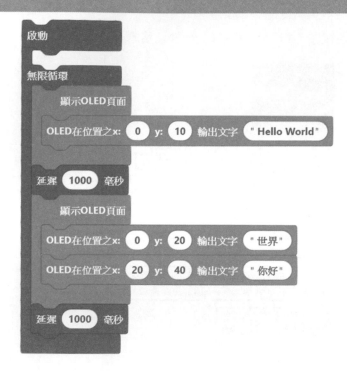

• 活動結果：

(a) 顯示「Hello World」

(b) 顯示「世界」和「你好」

在螢幕左上位置顯示「Hello World」，並於 1 秒後在螢幕左中位置顯示「世界」和「你好」的中文字

2-2 可程式按鈕

PocketCard 開發板正面兩側各有一個可程式按鈕 (如圖 2-1 左圖，按鈕 A 和按鈕 B)，按鈕做為開發板的輸入來源，可在程式中偵測使用者是否有按下按鈕，並作為執行某項功能的依據。

● 按鈕事件

程式開始執行後會先執行「啟動」事件，而這裡的「當按鈕 A/B 被按下」的按鈕事件則必需等到「事件」被觸發 (使用者按下按鈕) 後，才會再進行對應事件內的程式執行。

活動一　顯示按下的按鈕

● 活動說明：

以下範例當「按鈕 A」被按下時，在 OLED 顯示「A」；當「按鈕 B」被按下時，在 OLED 顯示「B」。

● 新增積木：

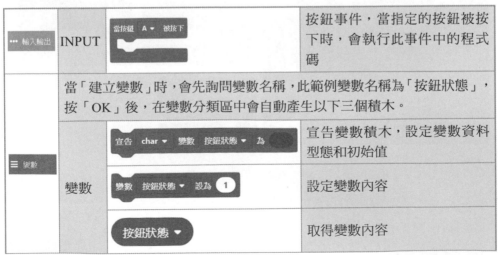

●●● 輸入輸出 INPUT		當按鈕 A ▼ 被按下	按鈕事件，當指定的按鈕被按下時，會執行此事件中的程式碼
☰ 變數		當「建立變數」時，會先詢問變數名稱，此範例變數名稱為「按鈕狀態」，按「OK」後，在變數分類區中會自動產生以下三個積木。	
	變數	宣告 char ▼ 變數 按鈕狀態 ▼ 為	宣告變數積木，設定變數資料型態和初始值
		變數 按鈕狀態 ▼ 設為 1	設定變數內容
		按鈕狀態 ▼	取得變數內容

A 文字	文字	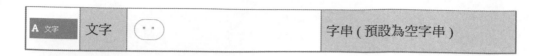	字串 (預設為空字串)

● 活動流程：

Step 1 程式中必需有「啟動⋯無限循環」程式積木做為程式的開始執行點。

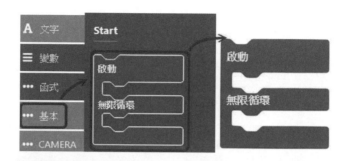

Step 2   1. 事件積木是獨立在「啟動 ... 無限循環」積木之外的。

2. 拖曳出兩個按鈕事件。

3. 將第二個按鈕事件改為「B」被按下。

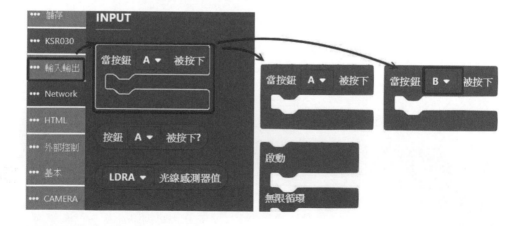

Step 3　1. 「變數」是一個可以暫時儲存資料的記憶體空間，就好像盒子可以裝東西一樣，在程式中要用到的變數需要先宣告，並給予唯一的名字，之後存放到變數內的資料隨時可以修改，但資料型態要一致，在宣告變數時就要指定該變數的資料型態，資料型態如為：String(字串)，則要放的資料內容前後需要用雙引號；如為 int(整數)、float(含小數)，則要放的數值內容不需要用雙引號。

　　　　　2. 先建立名稱為「按鈕狀態」的變數，建立後積木分類區會自動生成「宣告」、「設為」、「取值」等三個積木。

Step 4　1. 將變數「宣告」積木放在「啟動…無限循環」事件積木上面，並宣告此變數為字串 (String) 變數，在「啟動」事件上面宣告的變數稱為「全域變數」。

　　　　　2. 如果將變數「宣告」積木放在事件內，稱此為「區域變數」，只能在該事件的程式中讀取變數內容，因為目前程式有多個事件積木，都需要共用同一變數，所以，將該變數設為「全域變數」，如此，才能在各個事件積木中讀寫該變數。

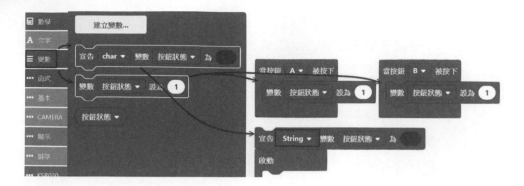

Step 5　1. 「啟動…無限循環」事件積木上的字串變數宣告預設的變數內容設
　　　　　為空字串 (" ") 積木，另一個無雙引號的是給整數變數使用的數值
　　　　　積木。

　　　2. 在「按鈕 A」和「按鈕 B」事件中，使用變數「設為」積木，並且
　　　　　先暫時放入空字串 (" ") 積木。

　　　3. 將變數內容原為空字串 (" ") 修改為字串「"A"」和字串「"B"」，當
　　　　　使用者按下「按鈕 A」時，變數「按鈕狀態」內容會改成字串「"A"」；
　　　　　當使用者按下「按鈕 B」時，變數「按鈕狀態」內容會改成字串「"
　　　　　B"」。

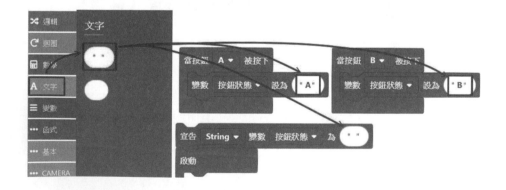

Step 6　1. 「啟動」事件積木內是做為開始執行程式的初始設定,設定 OLED 的字體大小為「2」。

2. 為了讓 OLED 可隨時顯示使用者按下的按鈕代號,所以,將「顯示 OLED 頁面」區塊積木和「輸出文字」積木置於「無限循環」事件 積木中。

3. 設定「輸出文字」的左上角於 OLED 的座標位置 (0,15)。

Step 7　1. 因為在 OLED 中要顯示使用者所按下的按鈕,因此,將「取得」(按 鈕狀態) 變數積木放至「輸出文字」積木中。

2. 由於「無限循環」事件內的程式執行速度很快,為使開發板能有充 分時間去執行其他事件程式,在不影響顯示的狀況下延遲「0.1」 秒再繼續重複執行顯示 OLED 的動作。

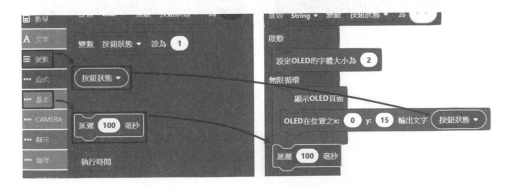

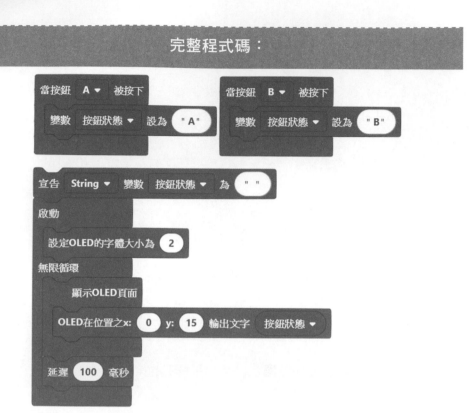

• 活動結果：

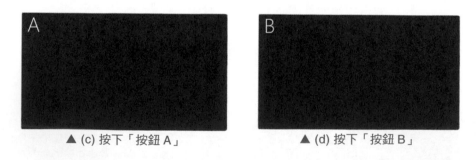

▲ (c) 按下「按鈕 A」　　　　　　　▲ (d) 按下「按鈕 B」

當「按鈕 A」被按下時，在 OLED 顯示「A」；當「按鈕 B」被按下時，在 OLED 顯示「B」。

2-3 WS2812 RGB LED

PocketCard 開發板背面右上有一個全彩 LED 燈 (如圖 2-1 右圖右上)，該 LED 可分別設定 RGB (紅、綠、藍) 的亮度，每個顏色亮度可設定的數值範圍為 0~255，數值越高則該顏色越亮，透過設定 RGB 可調出多達 1,677 萬種 (256x256x256) 燈光色彩。

當顏色的數值為 255 時，可調出的顏色如下圖所示，例如：R=255、G=255、B=255，則 LED 呈現出白光，RGB LED 模組中有內建自己的記憶體，因此，在開發板未斷電前都會維持最後的顏色和亮度。

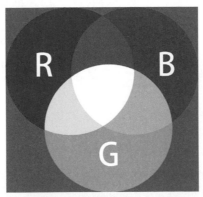

▲ 圖 2-7 RGB 三原色調色圖

活動一　WS2812 RGB LED 隨機顯示顏色

● 活動說明：

讓開發板上的 RGB LED 每隔 0.1 秒，隨機顯示一種顏色。

● 新增積木：

🔲 數學	數學	隨機取數 1 到 100	取得指定範圍內的隨機數
••• 輸入輸出	RGB LED	Lite板載LED的R 0 G 0 B 0	設定 RGB LED 的紅、綠、藍顏色的亮度

● 活動流程：

Step 1　程式中必需有「啟動…無限循環」程式積木做為程式的開始執行點。

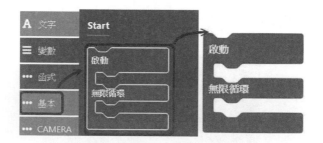

Step 2　RGB LED 需要分別設定三個顏色的亮度，因此先建立三個變數 (R、G、B) 做為存放三個顏色的亮度值。

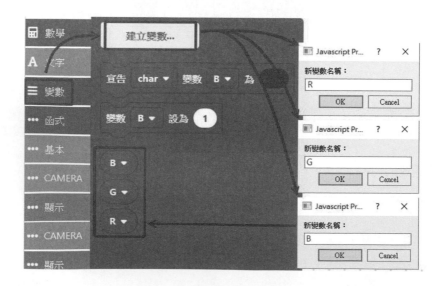

Step 3　1. 由於三個變數只會在「無限循環」事件中使用，因此，將三個變數都放在「無限循環」事件中，也就是設為區域變數即可。

　　　　　2. 此三個變數要存放的資料型態是整數，將三個變數宣告設為「int」（整數）。

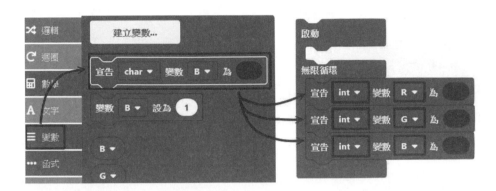

Step 4　每個顏色的亮度範圍為 0 ~ 255，使用「隨機取數」積木隨機取出 0 ~ 255 其中的一個數當做每次執行時該顏色的亮度值。

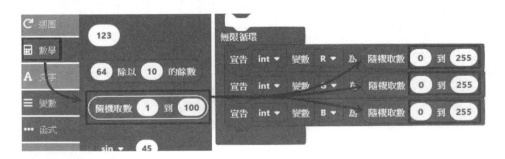

Step 5　取出「設定 RGB LED」積木和「點亮 RGB LED」積木。

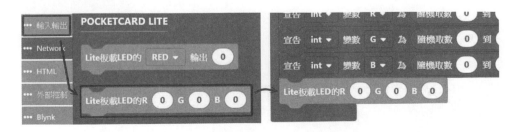

Step 6　將隨機取得的「R」、「G」、「B」變數內容，分別放到「設定 RGB LED」積木中。

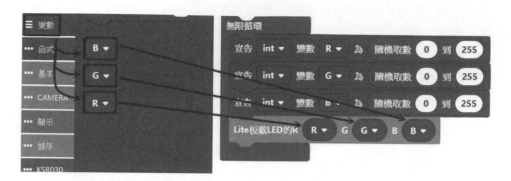

Step 7　由於「無限循環」事件內的程式執行速度很快，為使 RGB LED 點亮後能看清楚，暫停程式「0.1」秒後，再繼續重複執行變數隨機取值和 RGB LED 點亮的動作。

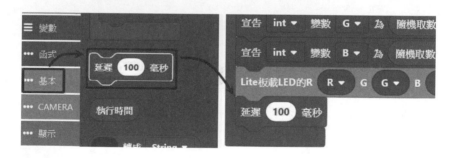

完整程式碼：

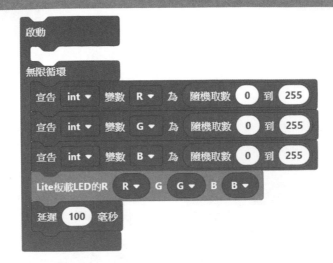

• 活動結果：

PocketCard 開發板背面 RGB LED 每隔 0.1 秒會隨機顯示顏色。

2-4 溫度感測器

PocketCard 開發板正面左上角有一個 NTC 熱敏電阻器（如圖 2-1 左圖），用來當作溫度感測器並做為開發板的輸入來源，可在程式中偵測目前溫度。

活動一 顯示目前溫度

• 活動說明：

讀取開發板上的溫度感測器，並將溫度顯示在 OLED 上。

● 新增積木：

··· 輸入輸出	INPUT	讀取溫度	取得溫度感測器的溫度
A 文字	文字	字串組合 ● ● ⊖ ⊕	將兩個字串組合成為一個字串

● 活動流程：

Step 1　程式中必需有「啟動…無限循環」程式積木做為程式的開始執行點。

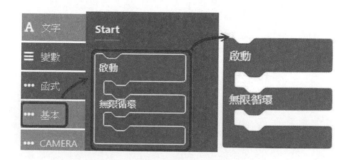

Step 2　1. 為了讓 OLED 每隔 0.1 秒顯示當前溫度，所以，將相關程式積木置於「無限循環」程式碼區塊中。

　　　　2. 使用「顯示」積木分類區中第二組 OLED 積木 (綠色) 中的「顯示 OLED 頁面」積木區塊來顯示中、英文字或符號。

　　　　3. 使用「輸出文字」積木，並設定欲顯示文字的左下角於 OLED 的座標位置 (0 , 16)。

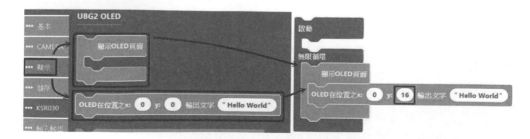

Step 3 使用「字串組合」積木將「"目前溫度："」字串和讀取的溫度值一起顯示出來。

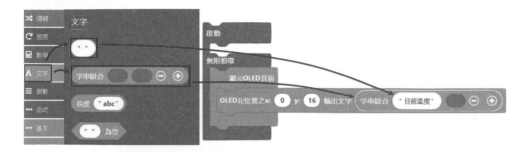

Step 4 讀取的溫度值放入「字串組合」積木中。

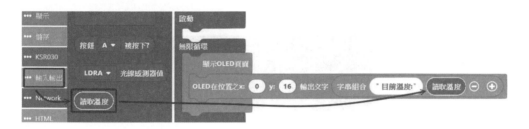

Step 5 由於「無限循環」事件內的程式執行速度很快，為使讀取的溫度值能看清楚，暫停程式「0.1」秒後，再繼續重複執行顯示讀取的溫度值。

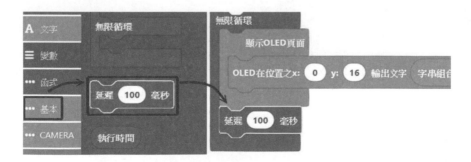

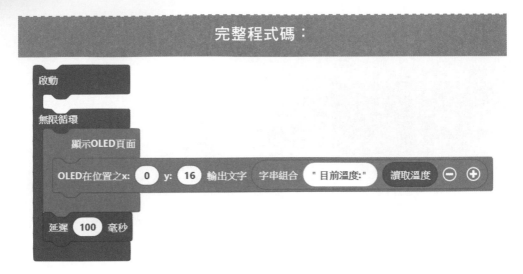

* 活動結果：

讀取開發板上的溫度感測器，並將溫度顯示在 OLED 上。

2-5 光線感測器

PocketCard 開發板正面右上角和左下角各有一個光敏電阻器（如圖 2-1 左圖），用來當作光線感測器，為開發板的輸入來源，可在程式中偵測目前光線強度，光線強度範圍為「0 ~ 4095」。

活動一　選擇光線感測器並顯示光線強度

* 活動說明：

當「按鈕 B」按下時，OLED 顯示開發板右上光線感測器 (LDRB) 的光線強度，「按

鈕 B」放開時，OLED 顯示開發板左下光線感測器的光線強度 (LDRA)，使用者可以試著將光線感測器遮住，檢查光線強度的數值改變狀況。

● **新增積木：**

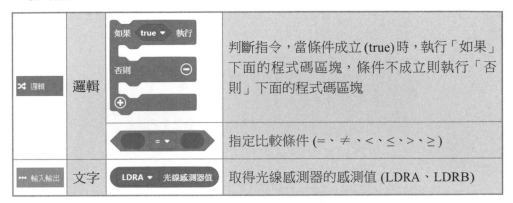

⤬ 邏輯	邏輯	如果 true ▼ 執行 / 否則 ⊖ / ⊕	判斷指令，當條件成立 (true) 時，執行「如果」下面的程式碼區塊，條件不成立則執行「否則」下面的程式碼區塊
		= ▼	指定比較條件 (=、≠、<、≤、>、≥)
••• 輸入輸出	文字	LDRA ▼ 光線感測器值	取得光線感測器的感測值 (LDRA、LDRB)

● **活動流程：**

Step 1　程式中必需有「啟動…無限循環」程式積木做為程式的開始執行點。

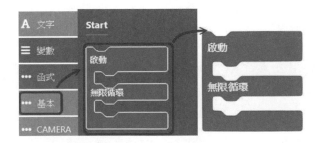

Step 2　1. 此範例使用「邏輯」積木分類區中的「如果…否則」判斷積木，此判斷積木需要給予一個邏輯條件 (菱形積木)，當條件成立時會執行「如果」下面的程式碼區塊，條件不成立則執行「否則」下面的程式碼區塊。

　　　　2. 要判斷的是當使用者按下「按鈕 B」時，顯示「光線感測器 A」的感測亮度，否則顯示「光線感測器 B」的感測亮度，因此，取用「如果 ... 否則」積木。

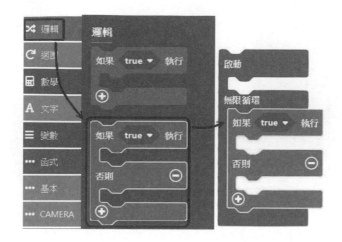

Step 3　這裡使用的條件是判斷是否相等，因此，將「是否相等」條件積木放於「如果 ... 否則」積木的條件中。

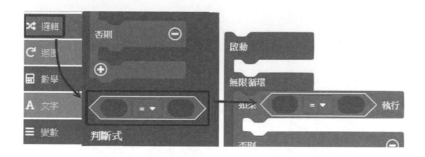

Step 4　條件設定左側為「當按鈕 B 被按下」時。

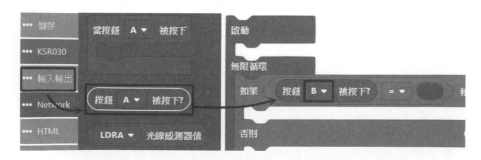

Step 5　由於執行「按鈕 x 被按下？」積木時，會去偵測控制板按鈕，當對應
　　　　的按鈕被按下時會回傳「0」；按鈕放開時會回傳「1」，因此，要偵
　　　　測是否被按下，條件右側需為一個數值積木，並預設為「1」(按鈕放
　　　　開)。

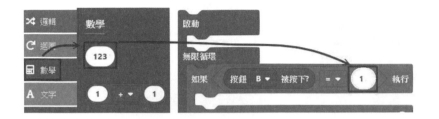

Step 6　1. 在「啟動」事件中，設定 OLED 顯示的字體大小為「1」。

　　　　2. 在「無限循環」事件中的「如果 ... 否則」積木，條件成立和不成
　　　　　立區塊，都各放一組 OLED 顯示文字積木，當「按鈕 B」放開時 (條
　　　　　件成立)，要將「光線感測器 A」光線強度顯示於左下 (0 , 50)；當「按
　　　　　鈕 B」按下 (條件不成立) 時要將「光線感測器 B」光線強度顯示
　　　　　於右上 (100 , 0) 位置。

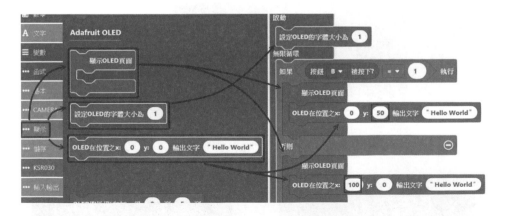

Step 7　將「光線感測器 A」的讀取值放在條件成立的「輸出文字」積木中；
　　　　將「光線感測器 B」的讀取值放在條件不成立的「輸出文字」積木中。

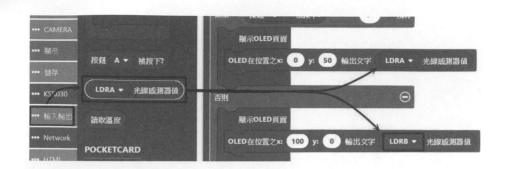

完整程式碼：

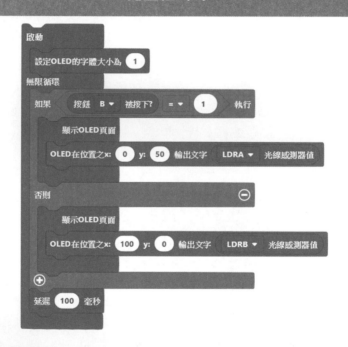

● 活動結果：

▲ (a) 遮住左下光線感測器時

▲ (b) 按住「按鈕 B」顯示右上光線值

當「按鈕 B」按下時，OLED 顯示開發板右上光線感測器 (LDRB) 的光線強度，「按鈕 B」放開時，OLED 顯示開發板左下光線感測器的光線強度 (LDRA)

2-6　蜂鳴器

PocketCard 開發板背面右側有一個方形的蜂鳴器（如圖 2-1 右圖），程式中可以設定頻率讓蜂鳴器發出「Do，Re，Mi，Fa，Sol，La，Si」不同的音階，也可設定聲音長度，為開發板的輸出模組，音階範圍為「C3 ~ B5」。

音階及簡譜對應：

音階簡譜	1 (Do)	2 (Re)	3 (Mi)	4 (Fa)	5 (Sol)	6 (La)	7 (Si)
音名	C	D	E	F	G	A	B

傳統鋼琴鍵中央的 Do 為 C4，如為 C3 則表示是低八度的 Do，C5 則表示是高八度的 Do。

活動一　演奏小星星

● **活動說明：**

讓開發板的蜂鳴器演奏出小星星歌曲，開發板蜂鳴器下方有一個蜂鳴器開關需打開 (ON) 才會有聲音。

● 小星星簡譜（對應程式函式）

```
1 1 5 5 6 6 5   4 4 3 3 2 2 1      (section1   section2)
5 5 4 4 3 3 2   5 5 4 4 3 3 2      (section3   section3)
1 1 5 5 6 6 5   4 4 3 3 2 2 1      (section1   section2)
```

• 新增積木：

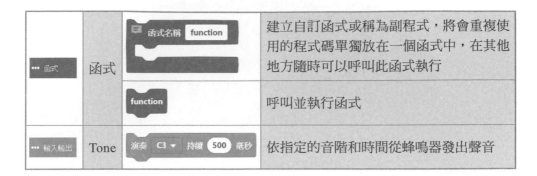

••• 函式	函式	函式名稱 function	建立自訂函式或稱為副程式，將會重複使用的程式碼單獨放在一個函式中，在其他地方隨時可以呼叫此函式執行
		function	呼叫並執行函式
••• 輸入輸出	Tone	演奏 C3 ▾ 持續 500 毫秒	依指定的音階和時間從蜂鳴器發出聲音

• 活動流程：

Step 1 程式中必需有「啟動…無限循環」程式積木做為程式的開始執行點。

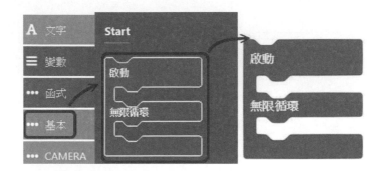

Step 2 程式一開始先讓 OLED 顯示「按 A 演奏小星星」文字，因此，在「啟動」事件中放顯示中文字程式積木組，文字左下角座標設為 (0 , 16)。

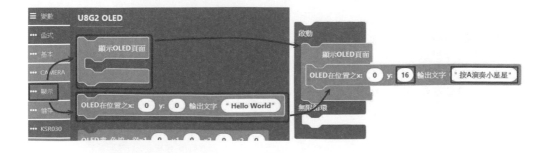

Step 3   1. 這首歌主要有三小節，因為每個小節都會重複二次，所以使用「函式」來簡化程式的撰寫。

2. 從積木分類區中取出函式積木並命名為「section1」。

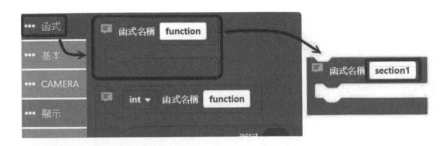

Step 4   取出第一個演奏音階放入「section1」函式。

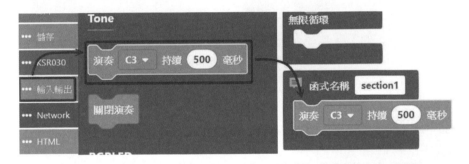

Step 5   在第一個演奏音階上按滑鼠右鍵，另外「複製」出六個演奏音階 (每一小節有七個音階)。

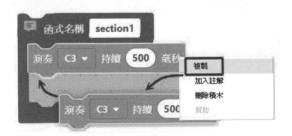

Step 6　將七個音階設定為小星星歌曲的第一個小節「1 1 5 5 6 6 5」，其中
　　　　「C」為 Do(1)；「G」為 Sol(5)；「A」為 La(6)，傳統鋼琴鍵中央的
　　　　Do 為 C4。

Step 7　每小節最後延遲「0.5 秒」暫停播放。

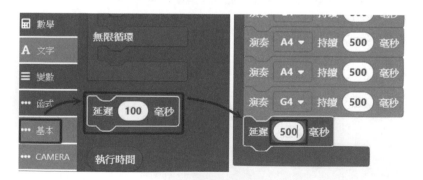

Step 8　1. 在第一小節的函式 (section1) 上按滑鼠右鍵，另外「複製」出二個
　　　　　 小節。
　　　　2. 將第二小節函式 (section2) 內的演奏音階設為「4 4 3 3 2 2 1」。
　　　　3. 將第三小節函式 (section3) 內的演奏音階設為「5 5 4 4 3 3 2」。

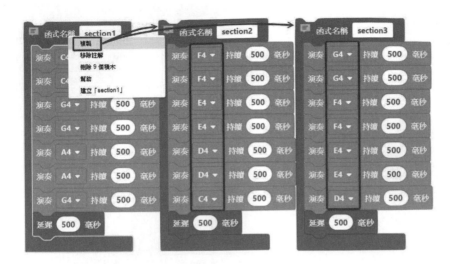

Step 9 取出「按鈕 A」事件積木。

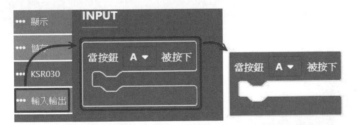

Step 10 在「按鈕 A」事件積木中，依序放置呼叫「section1」、「section2」、「section3」、「section3」、「section1」、「section2」函式積木。

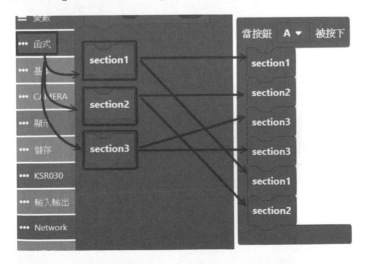

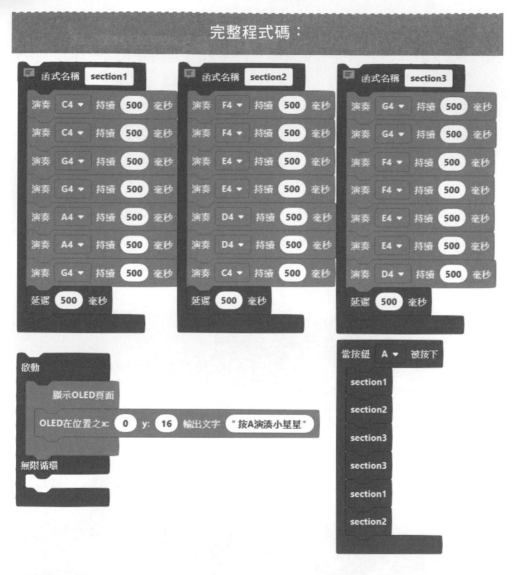

● 活動結果：

當「按鈕 A」按下時，開發板的蜂鳴器演奏出小星星歌曲。

2-7 三軸加速度感測器

三軸加速度計又稱重力感測器，主要是以重力來感測，偵測開發板在某個軸向的受力大小、狀況來得到加速度，可以分別偵測 X、Y、Z 三個方向移動時「瞬間」的加速度變化。PocketCard 開發板內建一個 MSA301 加速度感測器，可偵測開發板移動的加速度，可以實作出體感遊戲。

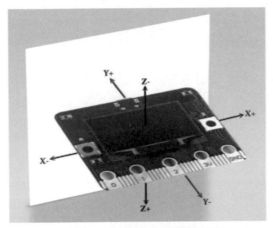

▲ 圖 2-13 加速度三軸移動方向

活動一 顯示開發板姿態

• 活動說明：

將開發板前、後、左、右傾斜時，OLED 顯示開發板當前的姿態。

• 新增積木：

●●● 輸入輸出	函式	當POCKETCARD LITE姿勢 左翹偏低 ▼ 發生	姿態改變事件，當指定的姿態發生，即觸發對應的事件，並執行區塊內的程式

● **活動流程：**

Step 1 程式中必需有「啟動…無限循環」程式積木做為程式的開始執行點。

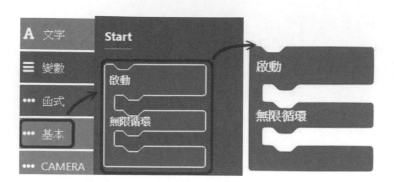

Step 2 1. 「姿態改變」事件積木是獨立在「啟動 ... 無限循環」積木之外的。
2. 拖曳出四個「姿態改變」事件積木。
3. 將四個「姿態改變」事件積木姿勢，分別改為「前側偏低」、「後側偏低」、「左側偏低」、「右側偏低」。

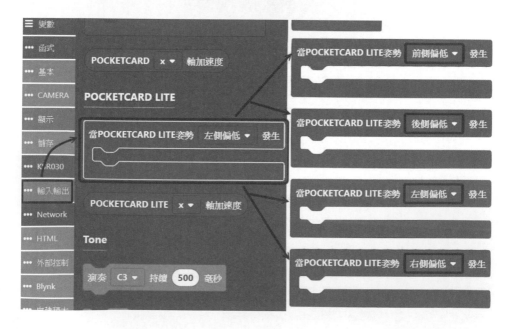

Step 3　1. 在第一個「姿態改變」(前側偏低)事件積木中,因為要在 OLED
　　　　上顯示中文,所以使用「顯示」積木分類區中第二組 OLED 積木(綠
　　　　色)中的「顯示 OLED 頁面」積木區塊來顯示中、英文字或符號。

　　　　2. 使用「輸出文字」積木,並設定欲顯示文字的左下角於 OLED 的座
　　　　標位置 (30 , 15)。

　　　　3. 輸出文字改為「前側偏低」。

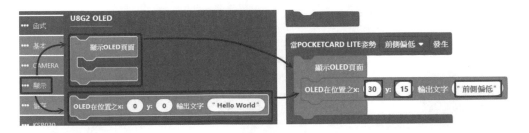

Step 4　在「顯示 OLED 頁面」積木區塊上按滑鼠右鍵,複製出另外三組顯示
　　　　積木,並分別放在另外三組「姿態改變」事件積木中。

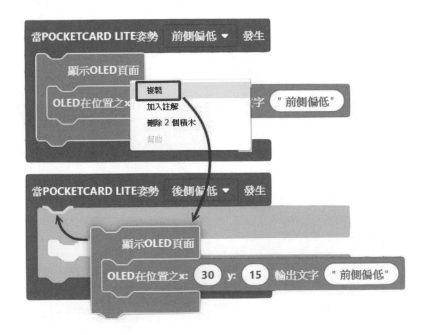

將「姿態改變」事件積木內的參數改成紅框中的設定值，分別在OLED 的上、下、左、右位置，顯示對應的文字。

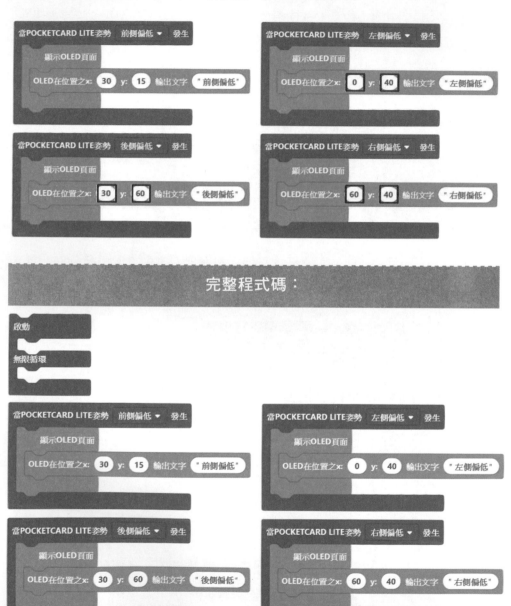

● **活動結果：**

▲ (a) 開發板向前傾

▲ (b) 開發板向左傾

▲ (c) 開發板向右傾

▲ (d) 開發板向後傾

轉動開發板，並顯示開發板當前姿態。

Part 3

外部硬體控制

PocketCard 主控板可插在 IO 擴充板上,透過擴充板上的 IO(輸入 / 輸出) 腳位用以控制更多的模組或感測器,PocketCard 的金手指與 micro:bit 相同,電源腳位也相同,因此,可使用於支援 micro:bit 的擴充板或自走車上,讓 PocketCard 做更多的應用。

本章將以 KSB060 擴充板為例,介紹使用 PocketCard 來控制常用的模組和感測器模組。

3-1 KSB060 IO 擴充版簡介

KSB060 IO Board 它引出了 micro:bit 主板的全部 IO 腳位,並可以使用 14500 鋰電池供電以達到離線應用,蜂鳴器和 RGB LED 可以通過指撥開關來選用,最大的特色是 IO 供電分成 2 組 P0 ~ P8 和 P9 ~ P20,這 2 組可以分別選用 3V / 5V ,以達到不同的模組供電需求,此擴充板適用 PocketCard 和 micro:bit。

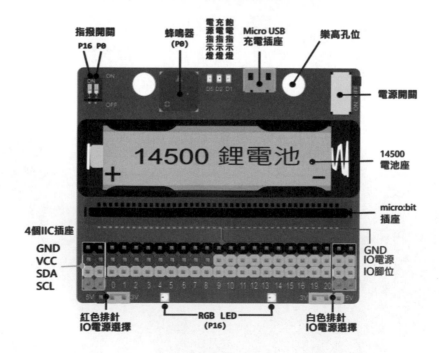

產品規格：

　　蜂鳴器 1 個

　　RGB LED 2 個

　　電源開關

　　5V / 3V IO 電源選擇跳帽

　　指撥開關（蜂鳴器 和 RGB LED）

　　3 排針 IO 腳位（P0~P20）

　　IIC 腳位插座 4 個

　　Micro USB 電源輸入

　　14500 電池座，可使用 14500 鋰電池供電

　　電源 / 充電 / 飽電 指示燈

　　樂高孔位

　　尺寸：60 x 47 x 19 mm

IO 腳位：

PocketCard 主控板的輸入 / 輸出腳位分成兩種類型：類比、數位，每種類型又能分別做寫入及讀取，可由程式設定控制。

類比信號：

類比信號是指一組隨時間改變而且是連續性的資料，例如：光線、聲音、溫度等。為了方便處理連續性的信號，類比感測器模組會把這些連續性的信號依偵測的強度轉成電位差 (0 ～ +3.3V) 再傳送給主控板，主控板會把輸入的電壓轉成數字 (0 ～ 4095) 提供給程式處理。

數位信號：

數位信號是指一組隨時間改變而且是不連續性 (離散) 的資料，在主控板上的數位信號只有 Low (0V) 和 High (+3.3V) 二種，可以用 0 和 1 來代表。

PocketCard 四種腳位控制方式，因硬體限制並不是每支腳位均能做四種控制方式，以下列出 PocketCard 可控制腳位類型一欄表。

	數位寫入	數位讀取	類比寫入	類比讀取	
P0	V	V	V	V	(蜂鳴器)
P1	V	V	V	V	
P2	V	V	V	V	
P3	X	V	X	V	
P4	V	V	V	V	
P5	V	V	V	V	
P6	V	V	V	X	
P7	V	V	V	X	
P8	V	V	V	V	
P9	V	V	V	V	
P10	V	V	V	V	
P11	V	V	V	V	
P12	V	V	V	V	
P13	V	V	V	X	
P14	V	V	V	X	
P15	V	V	V	X	
P16	V	V	V	X	(全彩 LED)
P19	V	V	V	X	
P20	V	V	V	X	

特別注意：在開啟 WIFI 時類比腳位讀取，只有剩下 P1、P2、P3 控制腳可使用。

擴充板設定：

練習本章範例前，請先將 KSB060 擴充板做以下設定 (如下圖)：

① 左上「P0」指撥開關切至「OFF」，使板子上的「蜂鳴器」連接斷開；「P16」
指撥開關切至「ON」，使板子上的「RGB LED」連接至「P16」控制腳。

② 左下紅色排針電源選擇為 5V(跳線帽靠左側插入)，讓紅色 VCC 排針輸出
「5V」，供給 5V 模組電源。

③ 右下白色排針電源選擇為 3V(跳線帽靠左側插入)，讓白色 VCC 排針輸出
「3.3V」，供給 3.3V 模組電源。

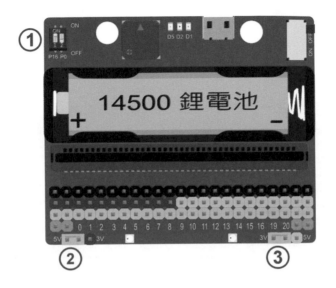

3-2　讀取數位腳位數位值

「按鈕模組」外部有三支接腳，「VCC」和「GND」為電源腳位，「S」為數
位信號輸出腳位，按下按鈕 (ON)，腳位「S」輸出 1：高電位 (High)；放開按
鈕 (OFF)，腳位「S」輸出 0：低電位 (Low)，需注意有些「按鈕模組」信號輸
出會與上述相反。

如果模組只有「高電位」和「低電位」二種輸出，則此類模組稱為數位輸入模
組 (模組對主板而言是作為輸入設備)，常見數位輸入感測模組有：按鈕模組、
滾珠開關模組、觸摸開關模組、磁簧開關模組、光電開關模組、震動感測模組
等。

活動一 OLED 顯示按鈕狀態

● **活動說明：**

這個活動中，試著按下或放開按鈕，主板的 OLED 上會顯示按鈕的狀態，如「按鈕狀態 :0」或「按鈕狀態 :1」。

需特別注意：使用「U8G2 OLED」積木顯示中文，不能使用全形符號，否則螢幕將完全無法顯示，中文也只能支援常用字。

● **新增積木：**

··· 顯示	U8G2 OLED	顯示OLED頁面	在 OLED 上顯示含有中文的訊息，顯示前會先清除 OLED
··· 顯示	U8G2 OLED	OLED在位置之x: 0 y: 0 輸出文字 " Hello World "	在座標 (x,y) 位置顯示設定的文字，文字原點位於左下角，故座標設為 (0,0)，文字將會看不到
A 文字	文字	" "	空字串，可設定文字
A 文字	文字	字串組合 ⊖ ⊕	將多個字串組合後輸出
··· 外部控制	Basic	讀取數位腳位 0 ▾	讀取主板指定腳位的數位信號 (高電位為 1；低電位為 0)
··· 基本	Start	延遲 100 毫秒	延遲 100 毫秒 (0.1 秒)，再繼續執行

● **活動流程：**

Step 1　將「按鈕模組」依以下表格接線。

	控制腳	電源腳	
KSB060 擴充板	P1	VCC(紅色)	GND(黑色)
按鈕模組	S	VCC	GND

Step 2 開始撰寫程式，程式中必需有「啟動…無限循環」程式積木作為程式的開始執行點，「啟動」事件程式區塊，一般作為開始執行程式的初始設定。

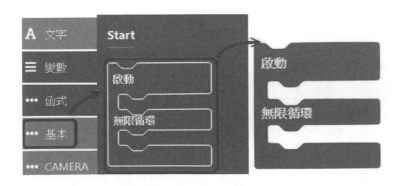

Step 3　1. 讓開發板持續顯示按鈕狀態，所以，將相關積木程式置於「無限循環」事件程式區塊中。

　　　　2. 使用「顯示」積木分類區中第二組 OLED 積木 (綠色) 中的「顯示 OLED 頁面」積木區塊來顯示中、英文字或符號。

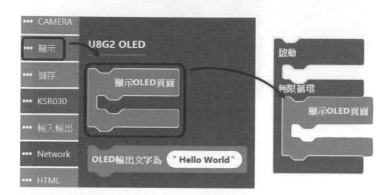

Step 4　使用「輸出文字」積木，並設定欲顯示文字的左下角於 OLED 的座標位置 (0 , 16)。

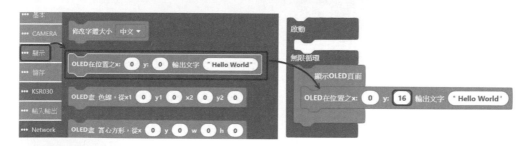

Step 5　程式延遲 0.1 秒，再繼續下一輪的程式循環，讓系統有時間處理其他事。

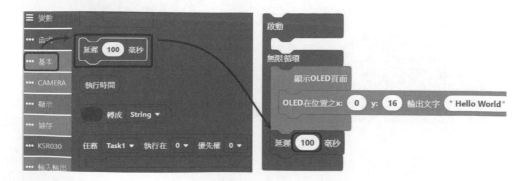

Step 6 使用「字串組合」積木將「"按鈕狀態:"」字串和「讀取的數位腳位」值
一起顯示出來。

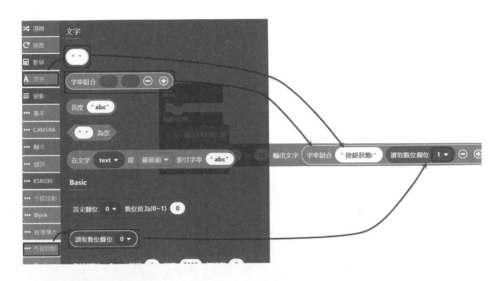

完整程式碼：

● 活動結果：

按下或放開按鈕，主板的 OLED 上會顯示按鈕的狀態，如「按鈕狀態:0」或「按鈕狀態:1」

當此範例的「按鈕模組」實作完成後，可試著將「按鈕模組」更換成「滾珠開關模組」翻轉模組角度觀察輸出變化；「磁簧開關模組」、「霍爾磁性開關模組」使用磁鐵靠近觀察輸出變化。

注意：如將「讀取數位腳位」改為「讀取類比腳位」其輸出值為「0」或「4095」

3-3　設定數位腳位數位值

「LED 模組」的 LED(發光二極體) 是半導體元件，可做為指示燈或照明用途，對於主板而言「LED 模組」屬於輸出模組，共有三支接腳，「VCC」和「GND」為電源腳位，「S」(或 IN) 為信號輸入腳位，「S」腳位的輸入電位 (0 ~ 5V) 決定 LED 的亮度，電位越高 LED 越亮。由於數位輸出只有二種狀態：低電位 (Low) 輸出 0V、高電位 (High) 輸出 3.3V 如果要輸出 0 ~ 3.3V 中間的電壓值，就必需採 PWM(脈衝寬度調變) 來模擬類比輸出 (如 3-4 節)。

常見的數位輸出模組有 LED 模組、蜂鳴器模組、繼電器模組等，LED 模組、全彩 LED 模組如需要有不同的亮度、直流馬達需要控制轉速，均需使用 PWM 來給出 0 ~ 3.3V 之間不同的電壓值。

活動一　點亮或熄滅 LED

● 活動說明：

這個活動中，按下 PocketCard 上的「A」按鈕點亮 LED；按下「B」按鈕熄滅 LED，並在 OLED 上顯示「LED ON」或「LED OFF」。

● **新增積木：**

··· 顯示	Adafruit OLED	顯示OLED頁面	在 OLED 上顯示有英文的訊息，顯示前會先清除 OLED，最後會自動顯示 OLED
··· 顯示	Adafruit OLED	設定OLED的字，位置之x為 **0** y為 **0**	設定文字位置，文字原點位於左上角，座標設為 (0,0)，文字顯示於 OLED 左上
··· 顯示	Adafruit OLED	OLED輸出文字為 **" Hello World"**	在 OLED 顯示設定的文字
··· 顯示	Adafruit OLED	顯示OLED	在不用「顯示 OLED 頁面」積木的情形下顯示設定的文字
··· 外部控制	Basic	設定腳位 **0 ▼** 數位值為(0~1) **0**	設定指定腳位輸出 0 (低電位) 或 1 (高電位)

● **活動流程：**

Step 1 將「LED 模組」依以下表格接線。

	控制腳	電源腳	
KSB060 擴充板	P2	VCC (紅色)	GND (黑色)
LED 模組	S	P	G

Step 2 開始撰寫程式，程式中必需有「啟動…無限循環」程式積木作為程式的開始執行點，「啟動」事件程式區塊，一般作為開始執行程式的初始設定。

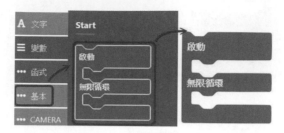

Step 3 使用英文字顯示積木，在 OLED 左上角顯示「Press A or B button」(按下 A 或 B 按鈕)

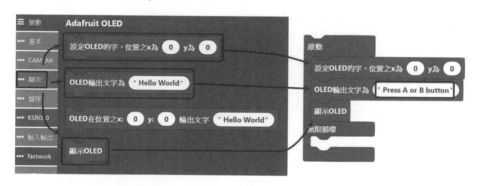

Step 4 取出「按鈕事件」積木，並設定按下主控板「按鈕 A」時，「數位腳位 2」輸出高電位 (1) 點亮 LED 模組。

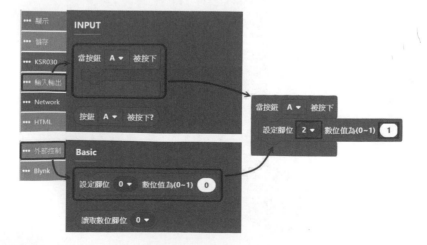

Step 5 使用英文字顯示積木,在 OLED 上顯示「LED：ON」

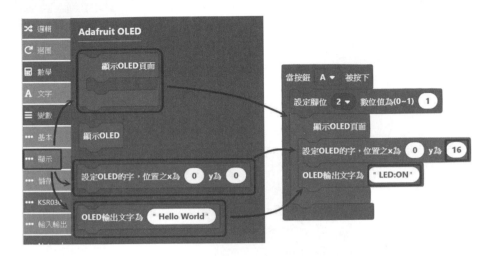

Step 6 1. 在「按鈕事件」積木上按右鍵,複製出另一組「按鈕事件」積木
2. 將「按鈕 A」改為「按鈕 B」,並設定輸出為低電位 (0) ,在 OLED 上顯示「LED：OFF」

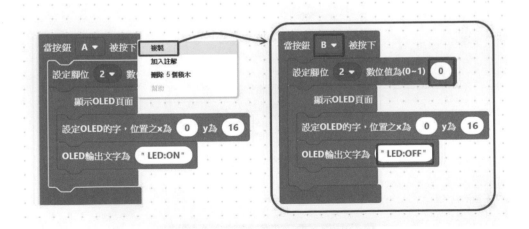

完整程式碼：

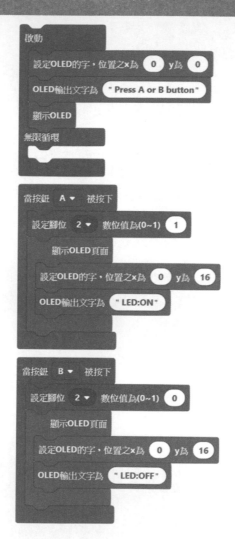

- **活動結果：**

按下 PocketCard 上的「A」按鈕點亮 LED；按下「B」按鈕熄滅 LED，並在 OLED 上顯示「LED ON」或「LED OFF」

活動二　按鈕控制繼電器開關

「繼電器模組」是利用主板腳位較小的電流去控制較大電流負載的一種「開關」，讓主板能透過「繼電器模組」驅動電壓 220V 以下及電流 3A 以下負載，如：家用電燈、微型水泵、電磁閥等，模組右側有三支接腳，「VCC」和「GND」為電源腳位，「S」(或 IN) 為信號輸入腳位，模組左側為大電流負載控制腳，使用一字螺絲起子鬆開或鎖緊電線，中間接點是共同點；在未給信號時 NO(常開) 接點和共同點 (COM) 斷開；NC(常閉) 接點與共同點 (COM) 導通，當「S」(或 IN) 信號輸入高電位 (High) 時，NO 接點和共同點 (COM) 導通，NC 接點與共同點 (COM) 斷開。

● **活動說明：**

這個活動中，按下按鈕繼電器動作 (NO-COM 導通)；放開按鈕繼電器不動作 (NC-COM 導通)。

● **活動流程：**

Step 1　將「按鈕模組」和「繼電器模組」依以下表格接線。

	控制腳		電源腳	
KSB060 擴充板	P1	P4	VCC (紅色)	GND (黑色)
按鈕模組	S		VDD	GND
繼電器模組		S	VCC	GND

Step 2 開始撰寫程式，先建立變數「SW」，在程式中使用於記錄按鈕狀態

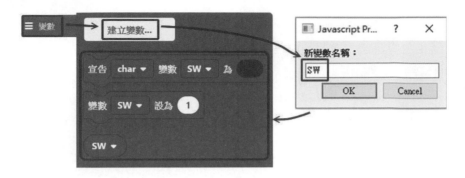

Step 3 程式中必需有「啟動…無限循環」程式積木做為程式的開始執行點，「啟動」事件程式區塊，一般作為開始執行程式的初始設定。

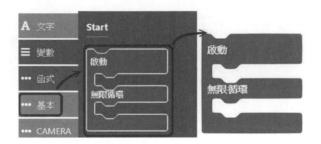

Step 4 1. 宣告「SW」為整數變數 (int)，在「啟動事件」上面宣告的變數可在不同的事件中互相傳值使用。

2. 設定「SW」變數預設值，使用數學積木中的數值積木，並預設為「0」。

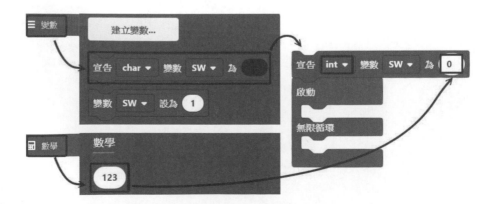

Step 5　1. 在「無限循環」程式碼區塊中讀取「按鈕」(數位腳位 1)，將讀取值先記錄到「SW」變數中。

　　　　　2. 將「SW」變數內容寫入到「數位腳位 4」，讓繼電器依按鈕狀態動作。

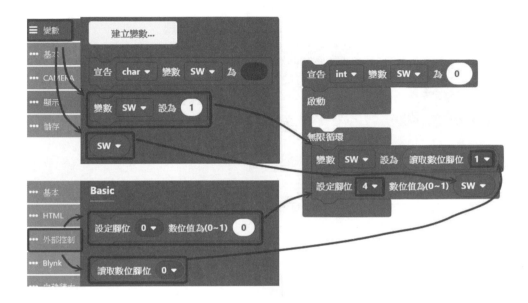

Step 6　1. 使用英文顯示積木，準備將提示文字顯示在 OLED 上。

　　　　　2. 使用字串組合積木，組合出顯示控制繼電器的信號

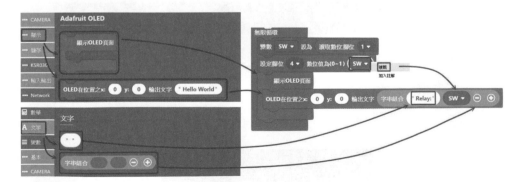

Step 7　最後程式延遲 0.1 秒，再繼續下一輪的程式循環，讓主控版有時間處理其他事。

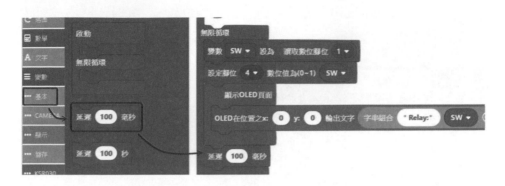

完整程式碼：

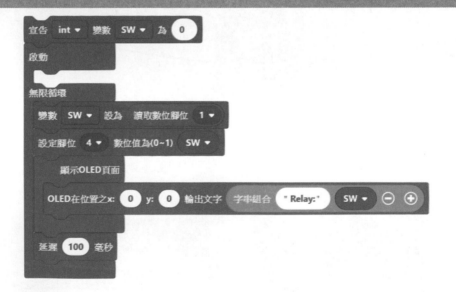

● 活動結果：

Relay:1

按下按鈕繼電器動作 (NO-COM 導通)，OLED 顯示「Relay:1」；放開按鈕繼電器不動作 (NC-COM 導通)，OLED 顯示「Relay:0」(可能會因繼電器模組的觸發方式而相反)

3-4 設定類比腳位類比值

自然界的信號都是屬於類比信號如：光線、溫度、溼度等，但一般電腦所能處理的信號只能是數位信號，因此，透過「類比輸出模組」將信號先轉成「0V ~ 3.3V」電壓，模擬出自然界連續性的的信號。

活動一 增加或減少 LED 亮度

• **活動說明：**

這個活動中，按下 PocketCard 上的「A」按鈕增加「VL」變數值；按下「B」按鈕減少「VL」變數值，LED 將依「VL」變數值呈現對應亮度，並在 OLED 上顯示「VL」變數值。

• **新增積木：**

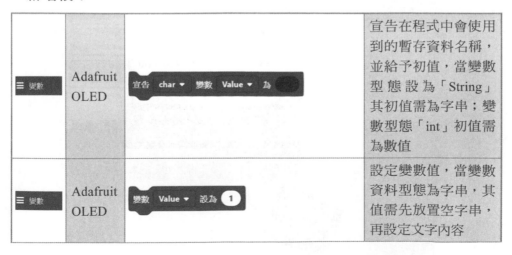

☰ 變數	Adafruit OLED	宣告 char ▼ 變數 Value ▼ 為 ⬤	宣告在程式中會使用到的暫存資料名稱，並給予初值，當變數型態設為「String」其初值需為字串；變數型態「int」初值需為數值
☰ 變數	Adafruit OLED	變數 Value ▼ 設為 1	設定變數值，當變數資料型態為字串，其值需先放置空字串，再設定文字內容

	數學	123	數值內容
數學	數學	1 + ▼ 1	算術運算
外部控制	Adafruit OLED	PWM腳位 0 ▼ 頻道 1 頻率 5000 解析度 8	設定腳位為 PWM 輸出，解析度為 0V ~ 3.3V 時所對應的數值範圍： 8：0 ~ 255 9：0 ~ 511 10：0 ~ 1023
外部控制	Basic	設定PWM的頻道 1 為(0~255) 0	設定指定腳位輸出 PWM 數值所對應的電壓 (0V ~ 3.3V)

● **活動流程：**

Step 1 將「LED 模組」依以下表格接線。

	控制腳	電源腳	
		VCC(紅色)	GND(黑色)
KSB060 擴充板	P2	VCC(紅色)	GND(黑色)
LED 模組	S	P	G

Step 2　開始撰寫程式，先建立變數「VL」，在程式中使用於記錄要輸出的類
　　　　比值

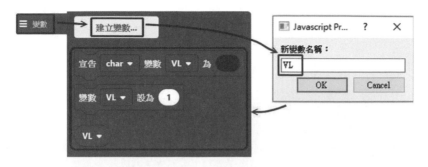

Step 3　程式中必需有「啟動…無限循環」程式積木做為程式的開始執行點，
　　　　「啟動」事件程式區塊，一般做為開始執行程式的初始設定。

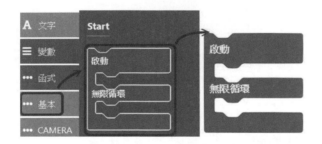

Step 4　1. 宣告「VL」為整數變數 (int)，在「啟動事件」上面宣告的變數可
　　　　　 在不同的事件中互相傳值使用。
　　　　2. 設定「VL」變數預設值，使用數學積木中的數值積木，並預設為
　　　　　 「120」，做為 LED 的初始亮度 (大約是 255 的一半)。

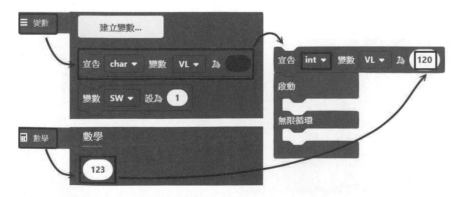

Step 5　使用英文顯示積木，將「Press A or B button」文字顯示在 OLED 左上角。
　　　　Ps. 顯示英文字未設定座標，預設為 (0,0)

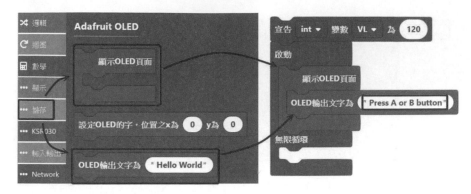

Step 6　1. 設定「控制腳位 2」為 PWM 輸出，解析度 8 則腳位輸出 0V ~ 3.3V
　　　　　 的數值範圍為 0 ~ 255
　　　　2. 將要輸出的類比值「VL」從「頻道 1」(控制腳位 2) 輸出

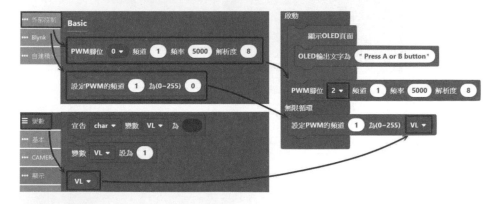

Step 7　使用英文顯示積木，準備將提示文字顯示在 OLED 上

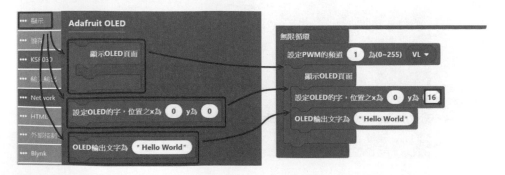

Step 8　使用字串組合積木，組合出目前的輸出類比值。

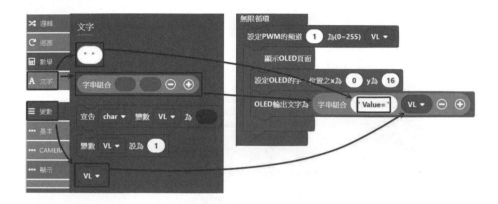

Step 9　1. 取出「按鈕事件」積木，並設定每次按下主控板「按鈕 A」時，
　　　　　　變數「VL」內容加 10。

2. 在「按鈕事件」積木上按右鍵，複製出另一組「按鈕事件」積木

3. 將「按鈕 A」改為「按鈕 B」，並設定每次按下主控板「按鈕 B」
　　時，變數「VL」內容減 10。

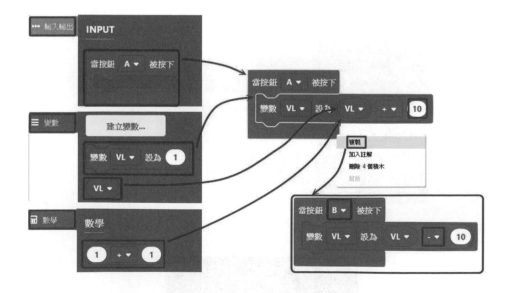

完整程式碼：

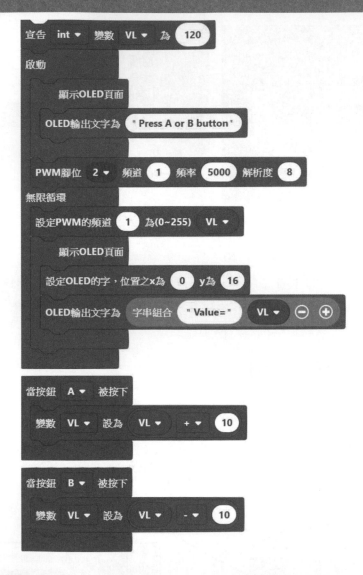

• 活動結果：

按下「A」按鈕增加「VL」變數值；按下「B」按鈕減少「VL」變數值，LED 將依「VL」變數值呈現對應亮度，並在 OLED 上顯示「VL」變數值。

注意：由於 PWM 的解析度設為 8 位元 (PWM 輸出範圍 0~255)，最大輸出為 255(2 的 8 次方 - 1)，當「VL」變數值超過 255 時，會將「VL」變數值自動減去 255 再輸出給 LED，同樣的 PWM 最小輸出為 0，當「VL」變數值小於 0 時，會加上 255 再輸出給 LED。

3-5　讀取類比腳位類比值

如果要取得自然界的連續性信號，則會透過模組將之轉成「0V ~ 3.3V」的電壓值，再將輸入的電壓轉成數值「0 ~ 4095」以方便程式判讀。常用類比輸入模組，如：可變電阻模組、光線感測模組、溫度感測模組、土壤溼度模組、避障紅外線模組等，基本都是三支接腳，「VCC」和「GND」為電源腳位，「S」(或「A0」) 為模組類比信號輸出腳位，如果輸入模組有四支接腳，除了前三支接腳外，還有一支是模組的數位輸出腳「D0」，此類模組上會有一個可用小十字螺絲起子調整的半可變電阻，用來調整臨界值決定在基準電壓以上時輸出高電位 (High)，基準電壓以下時輸出低電位 (Low)。

活動一　調整可變電阻轉成數值

● 活動說明：

這個活動中，接上可變電阻模擬自然界的信號，調整可變電阻會獲得連續性的電壓值透過輸入腳位轉成數值，並顯示在 OLED 上。

- **活動流程：**

Step 1 將「可變電阻模組」依以下表格接線。

	控制腳	電源腳	
KSB060 擴充板	P3	VCC(紅色)	GND(黑色)
可變電阻模組	IN	VDD	GND

Step 2 開始撰寫程式，先建立變數「VAR」，在程式中使用於記錄讀取的可變電阻模組類比值。

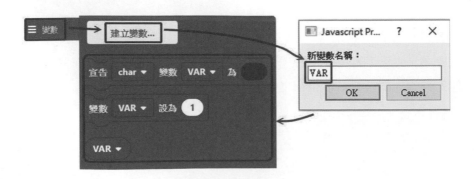

Step 3 程式中必需有「啟動…無限循環」程式積木作為程式的開始執行點，
「啟動」事件程式區塊，一般作為開始執行程式的初始設定。

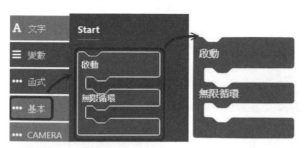

Step 4 1. 宣告「VAR」為整數變數 (int)，在「啟動事件」上面宣告的變數可
在不同的事件中互相傳值使用。

2. 設定「VAR」變數預設值，使用數學積木中的數值積木，並預設為
「0」。

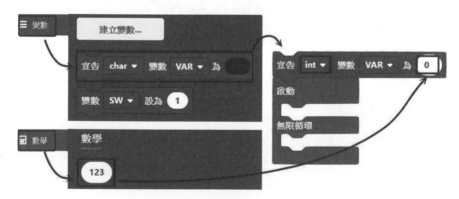

Step 5 讀取可變電阻模組 (數位腳位 3) 輸入，並記錄於「VAR」變數。

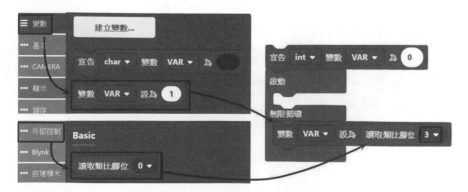

Step 6　使用中英文顯示積木，並將文字座標設於左上角 (0,16)。

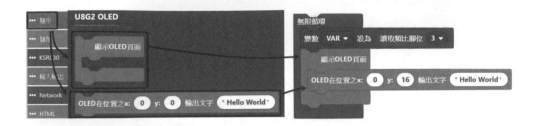

Step 7　使用字串組合積木，組合出目前的輸入類比值。

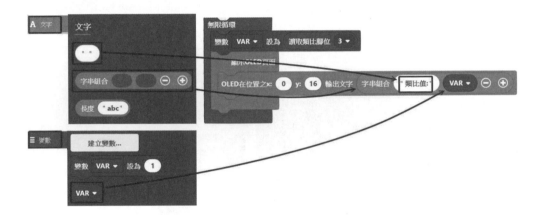

最後程式延遲 0.1 秒，再繼續下一輪的程式循環，讓主控版有時間處理其他事。

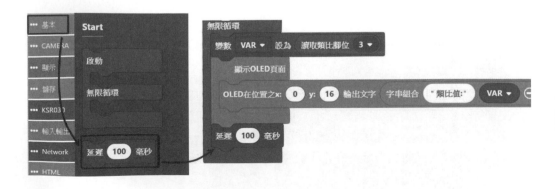

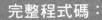

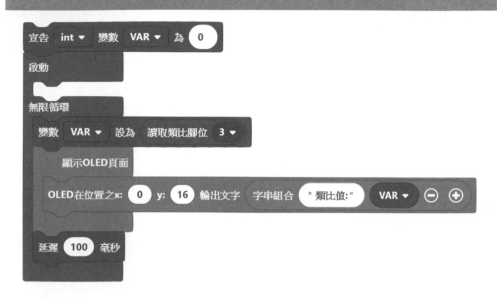

● 活動結果：

調整可變電阻獲得連續性的電壓值透過輸入腳位轉成數值 (0 ～ 4095)，並顯示在 OLED 上。

3-6 超音波感測模組

一般汽車的倒車雷達就是使用超音波偵測距離，「超音波感測模組」有兩個圓筒的探頭，一個負責發射超音波，當超音波撞到物體反彈回來後，另一個探頭負責接收，因此，超音波感測探頭和偵測物體距離不能小於 2 公分 (依產品不同有所差異)。

「超音波感測模組」有 4 個接腳，除了 2 個電源腳位外，此範例將「Trig」為觸發超音波發射腳位接至主板「P5」，「Echo」為收到回訊的腳位接至主板「P6」

● 活動說明：

這個活動中，讀取超音波感測器的回傳距離信號，並將距離顯示在 OLED 上。

● 新增積木：

			使用讀取超音波積木，需先設定「Trig」及「Echo」腳位，積木距離回傳值單位為公分。
⋯ 外部控制	超音波	讀取超音波trig腳位 0 ▼ echo腳位 0 ▼	

● 活動流程：

Step 1 將「超音波模組」依以下表格接線。

	控制腳		電源腳	
			VCC(紅色)	GND(黑色)
KSB060 擴充板	P5	P6	VCC(紅色)	GND(黑色)
超音波模組	Trig	Echo	VDD	GND

Step 2 開始撰寫程式，先建立變數「DIST」，在程式中使用於記錄讀取超音波模組回傳的距離。

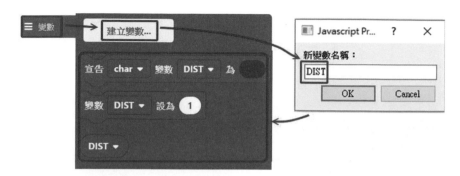

Step 3 程式中必需有「啟動…無限循環」程式積木作為程式的開始執行點，「啟動」事件程式區塊，一般作為開始執行程式的初始設定。

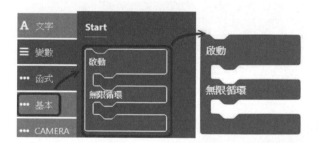

Step 4 1. 宣告「DIST」為整數變數 (int)，在「啟動事件」上面宣告的變數可在不同的事件中互相傳值使用。

2. 設定「DIST」變數預設值，使用數學積木中的數值積木，並預設為「0」。

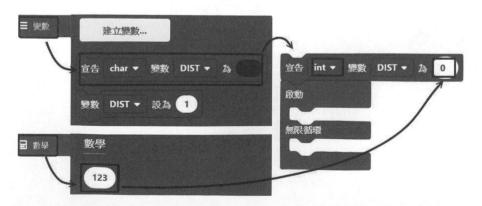

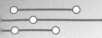

Step 5 讀取超音波模組回傳的距離並記錄於「DIST」變數中。

Ps. 觸發腳 (trig) 為 5，回傳腳 (echo) 為 6

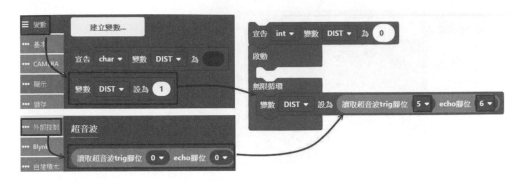

Step 6 使用中英、文字串組合積木，組合出讀到的距離值，單位為公分。

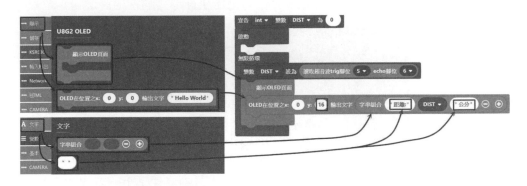

Step 7 最後程式延遲 0.1 秒，再繼續下一輪的程式循環，讓主控版有時間處理其他事。

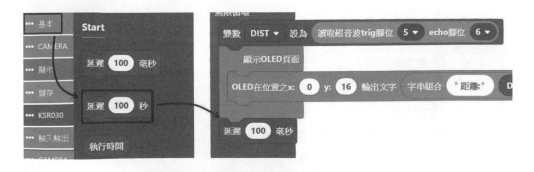

完整程式碼：

宣告 int ▼ 變數 DIST ▼ 為 0

啟動

無限循環

變數 DIST ▼ 設為 讀取超音波trig腳位 5 ▼ echo腳位 6 ▼

顯示OLED頁面

OLED在位置之x: 0 y: 16 輸出文字 字串組合 " 距離:" DIST ▼ "公分" ⊖ ⊕

延遲 100 毫秒

• 活動結果：

距離: 5 公分

讀取超音波感測器的回傳距離信號，並將距離顯示在 OLED 上。

3-7 伺服馬達（舵機）模組

旋轉角度為 180 度的伺服馬達內部，除了有減速齒輪機構外，還有反饋裝置，可讓伺服馬達停在指定的角度 (0 ~ 180 度)，遙控飛機上牽動各個舵面角度就是使用伺服馬達，因此，伺服馬達又被稱為「舵機」。

「伺服馬達模組」有引出兩條電源線（紅線為 VCC，棕線為 GND) 和一個信號輸入線（橘線），其中信號輸入線是控制角度 (0 ~ 180 度)，正中間為 90 度，將信號線接至「D2」（直接將伺服馬達排線插到「D2」那組排針上即可），為了節省電力，角度如果未改變盡量不要重複執行角度設定積木。

活動一 調整可變電阻控制伺服馬達角度

● 活動說明：

這個活動中，透過可變電阻模組產生的電壓類比值 (0~4095)，計算為角度 (10~140) 後控制伺服馬達，並將角度顯示在 OLED 上。

● 新增積木：

●●● 外部控制	舵機	設定舵機 1 插在腳位 0 ▾	設定舵機編號及控制腳位
●●● 外部控制	舵機	舵機 1 轉到角度 90	控制舵機旋轉角度 (0 ~ 180) Ps. 儘量維持在 10~140 度之間
▦ 數學	數學	數字 36 從 5 到 225 對應 15 到 1225	將一數字範圍等比例對應至另一個數字範圍

● 活動流程：

Step 1　將「可變電阻模組」和「伺服馬達」依以下表格接線。

	控制腳		電源腳	
KSB060 擴充板	P3	P5	VCC (紅色)	GND (黑色)
可變電阻模組	IN		VDD	GND
伺服馬達		橙線	紅線	黑線

Step 2 開始撰寫程式，先建立變數「DEG」，在程式中使用於記錄輸出至伺服器的角度。

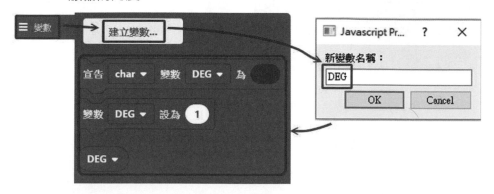

Step 3 程式中必需有「啟動…無限循環」程式積木作為程式的開始執行點，「啟動」事件程式區塊，一般作為開始執行程式的初始設定。

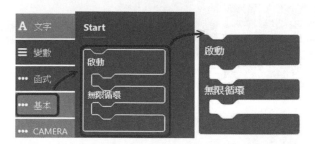

Step 4
1. 宣告「DEG」為整數變數 (int)，在「啟動事件」上面宣告的變數可在不同的事件中互相傳值使用。
2. 設定「DEG」變數預設值，使用數學積木中的數值積木，並預設為「0」。

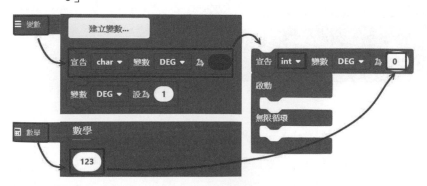

Step 5　設定伺服馬達 (舵機) 的控制腳位。

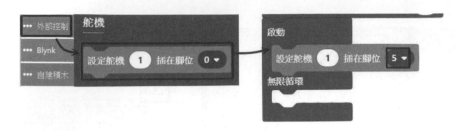

Step 6　設定「DEG」變數內容為讀取的類比值 0 ~ 4095 後轉換為 10 ~ 140。

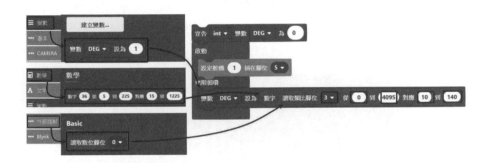

Step 7　使用中英、文字顯示積木，並將字串組合積木，組合出讀到的角度值，顯示於 OLED。

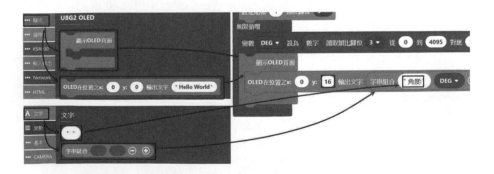

1. 將「DEG」變數內容輸出到伺服馬達 (舵機)。
2. 最後程式延遲 0.1 秒，再繼續下一輪的程式循環，讓主控板有時間處理其他事。

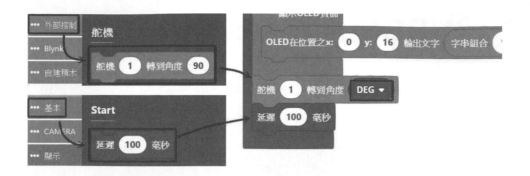

完整程式碼：

宣告 int ▾ 變數 DEG ▾ 為 0

啟動

　　設定舵機 1 插在腳位 5 ▾

無限循環

　　變數 DEG ▾ 設為 數字 讀取類比腳位 3 ▾ 從 0 到 4095 對應 10 到 140

　　　顯示OLED頁面

　　　OLED在位置之x: 0 y: 16 輸出文字 字串組合 " 角度:" DEG ▾ ⊖ ⊕

　　舵機 1 轉到角度 DEG ▾

　　延遲 100 毫秒

● **活動結果：**

角度: 120

可變電阻模組產生的電壓類比值 (0~4095)，計算為角度 (0~180) 後控制伺服馬達，並將角度顯示在 OLED 上。

3-8 RGB 全彩 LED(WS2812)

KSB060 擴充板前端有兩顆全彩 LED(WS2812)，每顆全彩 LED 內含紅 (R)、綠
(G)、藍 (B) 三個顏色的 LED，每個顏色可分別控制 256 種 (0 ~ 255) 亮度，全
彩 LED 採串連方式連接，其中資料輸入腳「DI」(Data IN)，已預設接經過指撥
開關至主板的「P16」腳位，所以，擴充板的「P16」指撥開關需要撥到「ON」
才能由主板控制兩顆全彩 LED。

活動一　紅、藍交互快閃警示燈

● 活動說明：

這個活動中，利用擴充板上的二顆全彩 LED 燈，產生紅、藍兩色快閃警示燈效
果。

● 活動流程：

Step 1　開始撰寫程式，程式中必需有「啟動…無限循環」程式積木作為程式
的開始執行點，「啟動」事件程式區塊，一般作為開始執行程式的初
始設定。

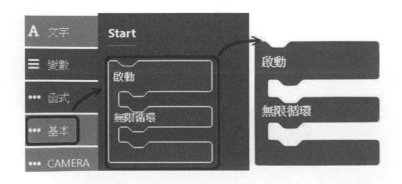

Step 2　使用中、英文顯示積木，在 OLED 左上角 (0,16) 顯示「快閃警示燈」。

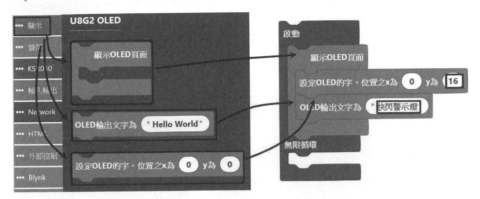

Step 3　1. 設定全彩 LED(WS2812) 控制腳位及燈數，主控板的控制腳位為
「P16」，串接「2」顆 WS2812。

2. 設定全彩 LED 亮度為「200」(0 ~ 255)。

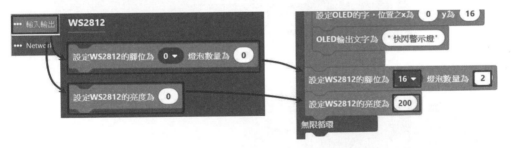

Step 4　1. 設定全彩「LED 0」內部的紅色 LED 全亮 (255)，綠色 LED 和藍色
LED 都不亮 (0)。

2. 設定全彩「LED 1」內部的藍色 LED 全亮 (255)，紅色 LED 和綠色
LED 都不亮 (0)。

3. 使用延遲積木，等待 0.1 秒。

4. 設定全彩「LED 0」內部的藍色 LED 全亮 (255)，紅色 LED 和綠色
LED 都不亮 (0)。

5. 設定全彩「LED 1」內部的紅色 LED 全亮 (255)，綠色 LED 和藍色
LED 都不亮 (0)。

6. 使用延遲積木，等待 0.1 秒。

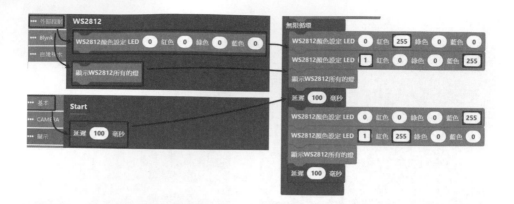

完整程式碼：

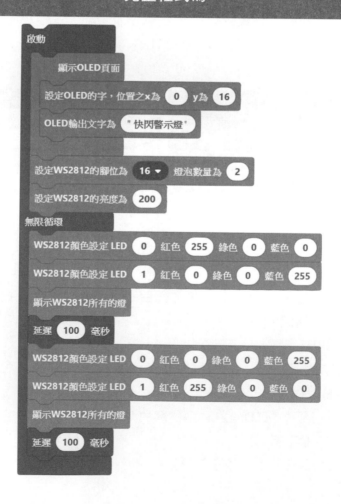

● 活動結果：

快閃警示燈

擴充板上的二顆全彩 LED 燈，產生紅、藍兩色快閃警示燈效果。

3-9　16 路伺服馬達控制擴展板 (PCA9685)

一般機器人都是使用多顆伺服馬達 (舵機) 組成，控制每顆伺服馬達均需佔用一個控制腳位，這樣即使 PocketCard 使用 KSB060 擴展板，其 IO 控制腳位也有可能不夠用 (參考 3-1 控制腳位類型一欄表)。因此，採用「16 路伺服馬達控制擴展板」(PCA9685)，PocketCard 即可透過 IIC 通訊介面一次控制 16 顆伺服馬達。

IIC（Inter-Integrated Circuit，簡稱 I^2C），是一種串列通訊匯流排，使用多主從架構，由飛利浦公司在 1980 年代為了讓主機板、嵌入式系統或手機用以連接低速週邊裝置而發展。I^2C 的正確讀法為「I-squared-C」（I 平方 C ），IIC 會用到兩條傳輸線，一條線為傳輸資料的串列資料線（SDA），另一條線是啟動或停止傳輸以及傳送時鐘序列的串列時脈（SCL）線，主控板可透過這二條傳輸線將多個設備並聯 (最多 112 個節點) 通訊，每個設備只要位址不重複，即可正確的讀取或控制設備。

活動一　IIC 控制三顆舵機自轉

● 活動說明：

這個活動中，利用 IIC 透過 PCA9685 擴充板控制三顆伺服馬達，讓三顆伺服馬達自動從 140 度位置，每隔 0.1 秒減少 5 度，直到 10 度位置，再重複相同動作。

● 新增積木：

外部控制	PCA9685 舵機	初始PCA9685	初始化 PCA9685 伺服馬達擴展板
外部控制	PCA9685 舵機	PCA9685第 0 個channel上的舵機轉到 90 度	設定編號 0 ~ 15 的伺服馬達旋轉至指定角度，最佳旋轉角度為 10 ~ 140 度。

● 活動流程：

Step 1　將「PCA9685 擴充板」和「伺服馬達」依以下表格接線。

	控制腳					電源腳	
KSB060 擴充板	SDA	SCL				VCC(紅色)	GND (黑色)
PCA9685 擴充板	SDA	SCL	0	1	2	VDD	GND
伺服馬達 0			橙線			紅線	黑線
伺服馬達 1				橙線		紅線	黑線
伺服馬達 2					橙線	紅線	黑線

※PCA9685 擴充板必需另外接獨立 5V 電源 (如下圖)，提供所有伺服馬達工作。

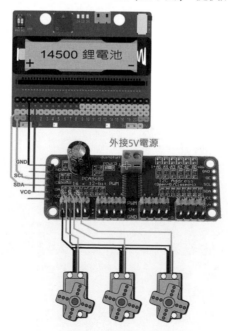

Step 2 開始撰寫程式，程式中必需有「啟動…無限循環」程式積木作為程式的開始執行點，「啟動」事件程式區塊，一般作為開始執行程式的初始設定。

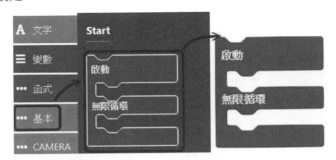

Step 3 1. 使用「循環計數」積木，產生 140 ~ 10 度，每次減少 5 度的角度值，送給三顆伺服馬達。
2. 暫停 1 秒後，再重複相同動作。

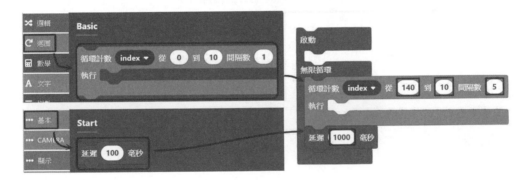

Step 4 使用英文顯示積木，在 OLED 左上角 (0,0) 準備顯示伺服馬達旋轉角度。

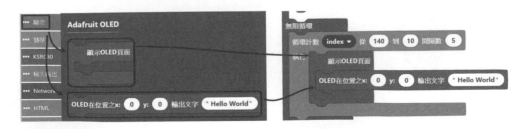

Step 5 使用文字組合積木，在 OLED 顯示「servo angle change: 角度值」

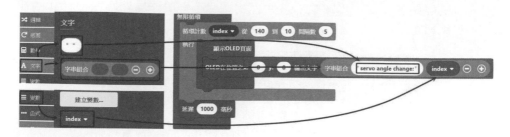

Step 6 1. 在「啟動」事件中，初始化 PCA9685 擴展板。

2. 三顆伺服馬達 (編號 :0 ~ 2) 分別設定旋轉角度。

3. 延遲 0.1 秒再繼續減 5 度。

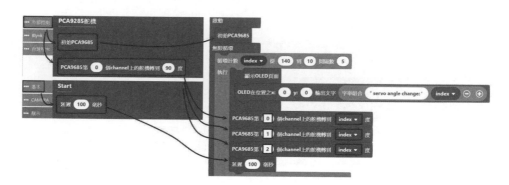

• 活動結果：

三顆伺服馬達自動從 140 度位置，每隔 0.1 秒減少 5 度，直到 10 度位置，再重複相同動作。

Part 4

網頁與網頁
伺服器控制

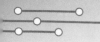

4-1　無線網路

相信大家都有用手機連基地台的經驗，只要想要連哪個基地台，輸入那個基地台的 SSID 和密碼就可以登入並使用無線網路，ESP32 最大的特色就是可以使用 Wi-Fi，Wi-Fi 是基於 IEEE 8.0.11 標準所制訂出來的，它可以讓你的行動裝置無線上網，十分的方便，在使用上有幾個你必須要先知道的先備知識：

Access Point (簡稱 AP 或是基地台)：它通常是有線網路與無線網路的接合點，無線基地台允許其他的無線設備可以連接，它可以幫你將訊息傳到另外一台 AP 或是將訊息傳送到有線網路。AP 為了要讓其他行動裝置搜尋到它，每隔一段時間都會將自己的識別名稱 (Service Set IDentifier，簡稱 SSID 或是服務設定識別碼) 廣播出來，所以在我們的行動裝置剛開啟 Wi-Fi 時，可以知道目前有哪些 AP 可以提供服務。而為了避免 AP 被不明人士盜用或是竊取資訊，通常會提供密碼登入，而且在傳輸的過程中都會利用 WEP、WPA 或是 WPA2 等加密機制保護。

Station (簡稱 STA 或是無線終端)：舉凡可以連接到 AP 的行動裝置，例如手機、平板等等，都是 STA 裝置，如果為 STA 裝置，通常是不能夠讓其他的行動裝置連線。而在進入到其他的 AP，如前面所說，都必須要提供密碼來保護自己。

AP+STA 模式：除了 AP 與 STA 模式外，當然有兩種的混合，在這個模式下，你既可以讓人連線到你的行動裝置，藉以分享網路外，又可以自己上網。

通常來說，我們用 ESP32 開發板都是用 STA 模式上網，但下面我們進行 AP 和 STA 模式的使用做個介紹。

活動一　PocketCard 連到其他的基地台

● **活動說明：**

讓 PocketCard 連線到其他的 AP 基地台，連線後，在 PocketCard 的 OLED 上面顯示取得的 IP 位置。

● **使用積木：**

••• Network	WiFi	ESP32連線到AP #ssid " ssid " #pass " pass "	連線到指定的 AP 基地台
••• Network	WiFi	連上AP後的IP	輸出連上 AP 後，AP 分配的 IP 位址

● **活動流程：**

Step 1　首先拉出一個啟動與無限循環積木。

Step 2　在啟動區中加入下面的積木，並填入想要連線的 AP 帳號密碼。

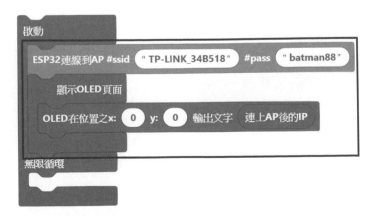

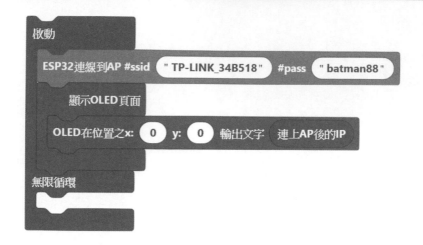

完整程式碼：

啟動

ESP32連線到AP #ssid　" TP-LINK_34B518 "　#pass　" batman88 "

顯示OLED頁面

OLED在位置之x：0　y：0　輸出文字　連上AP後的IP

無限循環

● **活動結果**

如果有正常連線，OLED 上會顯示 IP 位址。

192.168.0.101

這個範例在後面都可以用到，如果不知道你的 IP 位址，請在你的開發板上顯示 IP 位址。

活動二　**PocketCard 成為基地台**

● **活動說明：**

要 PocketCard 成為基地台，讓其他的行動裝置連線。

● 使用積木：

••• Network	WiFi	ESP32自成AP #ssid " ssid " #pass " pass "	讓 PocketCard 成為 AP 基地台
••• Network	WiFi	自成AP後的IP	輸出目前的 IP 位址

● 活動流程：

Step 1 首先拉出一個啟動與無限循環積木。

Step 2 在啟動區中加入下面的積木，並填入想要建立的 AP 帳號密碼。

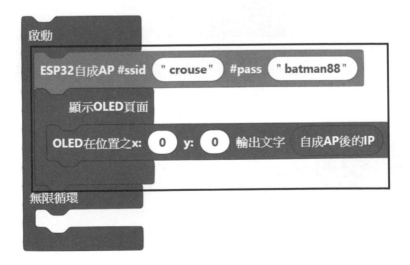

4-5

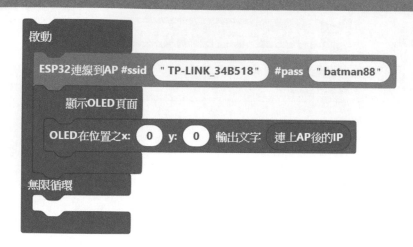

完整程式碼：

啟動

ESP32連線到AP #ssid " TP-LINK_34B518 " #pass " batman88 "

顯示OLED頁面

OLED在位置之x: 0 y: 0 輸出文字 連上AP後的IP

無限循環

● **活動結果**

如果有正常啟動的話，OLED 上會顯示 IP 位址。

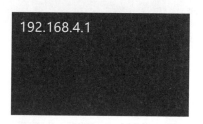

192.168.4.1

看過上面兩個活動以後，你應該可以發現，利用積木建置 ESP32 的無線網路環境十分容易。

4-2 使用 PocketCard 連到網頁伺服器

在 TCP/IP 的眾多網路服務中，最常見的是網頁服務，網頁服務可以分成客戶端 (Client) 與伺服器端 (Server)，下面先介紹這兩個東西，之後慢慢帶入網頁服務的相關知識。

網頁伺服器：伺服器，就是提供服務的主機，因此，網頁伺服器 (Web Server) 就是負責提供網頁服務的伺服器。

網頁客戶端：網頁客戶端 (Web Client) 就是要求網頁伺服器提供網頁服務的使用者，當你用瀏覽器對伺服器提出需求，你就是一個網頁客戶端。

而網頁傳輸用的通訊協定則是 HTTP 通訊協定，在 HTTP 通訊協定中，HTTP 訊息分為 HTTP 表頭 (HTTP Header) 跟 HTTP 內容 (HTTP Body)。

HTTP 表頭：通常是用來作為告知對方、想要或是回應的網頁的網址、內容格式和時間等等。

HTTP 內容：則是雙方溝通的內容，這部分就是你常看到的網頁。

```
┌─────────────────────────┐
│                         │
│       HTTP 表頭          │
│                         │
├─────────────────────────┤
│                         │
│       HTTP 內容          │
│                         │
└─────────────────────────┘
```

▲ 圖 4-2-1 HTTP 通訊格式

為了能夠讓網頁伺服器跟網頁客戶端之間，除了網頁還可以互相傳遞訊息，最常用到的是 GET 和 POST 兩個傳輸格式。

GET：是將想要傳送的訊息放在網址上面一起傳送，所以，你常可以看到很多網頁後面夾帶了一堆長串訊息，那些其實就是參數，基本的參數格式是網址後面加上 ? 參數名稱 = 參數值，兩參數中間用 & 代替，例如：

http://www.google.com.tw/index.htm?value1=1&value2=2

下面我們來分析一下這個網址：

(1) http 代表用 Http 通訊協定，如果是 https，代表的是 HTTPS 通訊協定，兩者間的差別只在於 HTTPS 是加密的 HTTP 通訊協定而已。

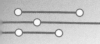

(2) www.google.com.tw 伺服器的網域名稱,也可以放入伺服器的 IP 位置

(3) /index.htm 則是網頁的檔名

(4) ? 後面開始接著參數

(5) value1=1:第一個參數名稱叫 value1,而它的值是 1

(6) &:是用來銜接兩個不同參數

(7) value2=2:第二個參數名稱叫 value2,而它的值是 2

POST:則是放在 HTTP 內容一起傳送給對方,因此安全性比較高些,他是將資料放在 HTTP 內容裡面,格式跟 GET 差不多,例如:

value1=1&value2=2

分析一下這個:

(1) value1=1:第一個參數名稱叫 value1,而它的值是 1

(2) &:是用來銜接兩個不同參數

(3) value2=2:第二個參數名稱叫 value2,而它的值是 2

在了解了網頁的各種型態後,我們便可以使用網頁客戶端去連接伺服器。在下面的活動中,客戶端程式是用 W3School 的網站,它提供了一個 GET 的服務,網址如下:

https://tryphp.w3schools.com/demo/test_get.php?subject=PHP&web=W3schools.com

如果你直接用瀏覽器進去,你可以看到下面的畫面:

Study PHP at W3schools.com

接著,你把上面的 PHP 改成 ESP32 且 W3schools.com 改成 bDesigner,所以連結變成下面:

https://tryphp.w3schools.com/demo/test_get.php?subject=ESP32&web=bDesigner

然後用瀏覽器再看一次。

Study ESP32 at bDesigner

下面我們用這個網頁,來讓 PocketCard 幫你做伺服器連線的動作。

活動一　網頁客戶端傳送 **HTTP GET** 訊息

● **活動說明:**

這邊借用了前面的 W3School 的網站,因為 W3School 這個網站是有 HTTP,
也有 HTTS,我們用的是 HTTP 的積木,並將結果顯示在 OLED 上面。

● **使用積木:**

••• Network	Web Client	ESP32連線到HTTP網站host / host "host" / port 80 / url " "	讓 PocketCard 可以連線到 HTTP 的伺服器,並且將其網頁下載下來
••• Network	Web Client	提出要求後回傳的訊息	這個積木回傳網頁伺服器回傳的 HTTP 內容

● **活動流程:**

Step 1　首先拉出一個啟動與無限循環積木。

Step 2　先組出 4-1 活動一的積木。

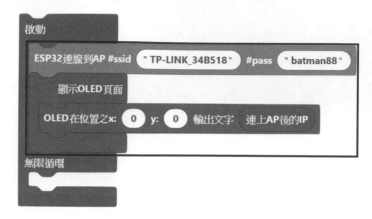

Step 3　接下來在顯示 OLED 頁面下方放入 ESP32 連線到 HTTP 網站積木,並填入

host: tryphp.w3schools.com

url: /demo/test_get.php?subject=ESP32&web=bDesigner

Step 4.

完整程式碼：

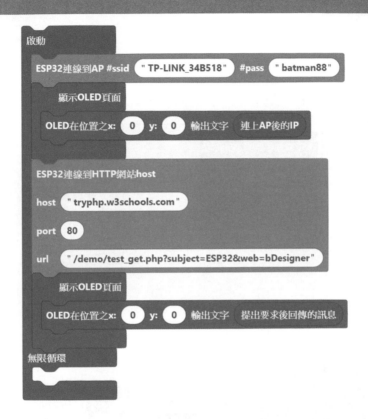

• 活動結果：

▲ 圖 4-2-2 HTTPS 傳送訊息且接收訊息結果

因為 OLED 螢幕比較小些，所以有部分資料就沒有出現在螢幕之上，另外，本活動擷取到網頁的 HTML 之後，你之後可以從中擷取你想要的資訊，這樣就是一個很簡單的爬蟲程式。

活動二 網頁客戶端傳送 HTTPS GET 訊息

活動說明：這邊借用了前面的 W3School 的網站，因為 W3School 這個網站有 HTTP，也有 HTTPS，所以這邊用 HTTPS 的積木，並將結果顯示在 OLED 上面。

● 使用積木：

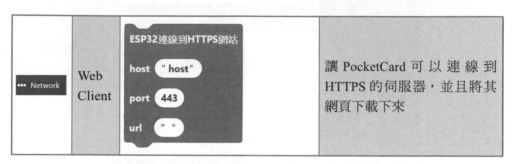

| | | ESP32連線到HTTPS網站
host "host"
port 443
url " " | 讓 PocketCard 可 以 連 線 到 HTTPS 的伺服器，並且將其網頁下載下來 |

● 操作步驟：

Step 1 組出 4-1 活動 1 的積木

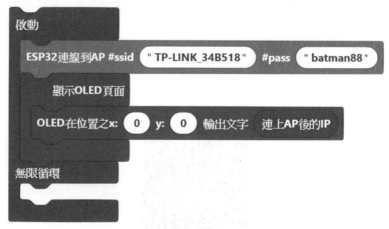

Step 2 加入連線到 HTTPS 網站積木並修改 host 和 url：

host: tryphp.w3schools.com

url: /demo/test_get.php?subject=PHP&web=W3schools.com

Step 3 在下面繼續加入 OLD 顯示積木與輸出文字積木,並在輸出文字中加入提出要求後回傳訊息積木。

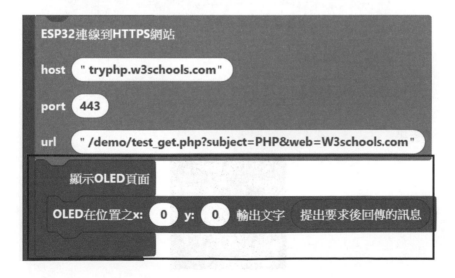

完整程式碼：

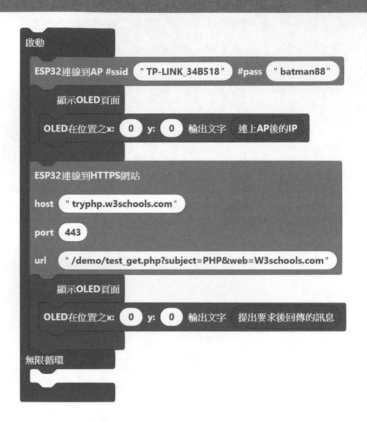

● **活動結果**

在 bDesigner 中，有另外提供了兩個不接受回傳訊息的積木，分別針對 HTTP 與 HTTPS，這兩組積木也可以用來傳送 HTTP 和 HTTPS 訊息給伺服器，但它們沒有回傳訊息，但也因為不接受回傳訊息，所以速度較快些。

使用 **PocketCard 建立網頁伺服器**

網頁伺服器是一個提供網頁服務的伺服器，早期的網頁只有靜態的文字跟圖片可以觀看，所以沒有太多太炫麗的網頁，直到現在，網頁的技術突飛猛進，網頁的效果也越來越多樣，技術也越來越成熟，尤其是 JavaScript 的出現，更是讓網頁的呈現更加多采多姿。PocketCard 本身可以成為網頁伺服器，可以呈現一些簡單的網頁，但要成為網頁伺服器，你就必須要懂一些網頁的超文字標記語言 (Hypertext Markup Language，簡稱 HTML)，這個語言，主要是用來告訴客戶端的瀏覽器如何顯示你的網頁，它是由內容與標籤所構成，內容就不用說，它是網頁的文字呈現，而標籤指的是敘述內容的型態以及增加一些像是圖片、按鈕和超連結等控制元件，而且用 < 和 > 來顯示，例如宣告為 html 的標籤，就用 <html> 來表示，而在中間的 html 則稱為元素，另外，大部分的標籤都是成雙成對，一個是用來顯示開頭，一個用來顯示結尾，例如有 <html> 就會有 </html>，當然也有例外的，一個基本的大概是長這樣：

```
<html>
<title>
</title>
<body>
這是一個簡單的網頁 <br>
</body>
</html>
```

從上面我們可以看出：

- <html> </html>：在它的內部放置了整個網頁的內容。

- <title></title>：用於顯示這個網頁的簡要名稱，通常顯示在瀏覽器的左上角。

- <body></body>：放在裡面的內容將會是所有顯示在使用者瀏覽器上的內容。

-
：這個標籤是特例，它通常單獨存在，主要是告訴網頁，這邊開始換行。

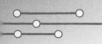

上面這個範例，最多就只能呈現出一個網頁，但是網頁跟網頁怎麼連結？答案是「超連結」，超連結的標籤為 <a href= 位置 > 超連結內容 </a>，超連結內容可以自取，是你看到網頁上呈現的文字，超連結則是幫你連到其他網頁的連結，而超連結的位置還可以分為「相對位置」和「絕對位置」兩種，相對位置是你連結檔案與目前檔案在存放網站的位置關係，絕對位置就比較簡單，它直接標明了檔案在網路上的位置，看起來有點混亂，下面用個簡單的例子就知道了。

```
<html>
<title>
</title>
<body>
<a href=b.htm> 另一個網頁 </a><br>
<a href=http://www.kimo.com.tw> 奇摩 </a>
</body>
</html>
```

從上面我們可以看到兩個超連結，下面來解說一下：

• <a href=b.htm> 另一個網頁 </a>：這個就是相對路徑，因為它代表的是這個 b.htm 跟目前的網頁處於相同的路徑之下。

• <a href=http://www.kimo.com.tw> 奇摩 </a>：這個就是絕對路徑，這代表的是奇摩網站的詳細位置。

有了基本的網頁構成後，再來就是必須要了解一些其他的標籤，你才能夠把網頁整個架構出來，當然，這些不在本書的內容之中，有興趣可以買個幾本網頁編輯的書，但在開始前，你必須要先了解一下網頁的組成才行，下面開始說明 bDesigner 的 blockly 主要提供的幾種網頁伺服器使用方式，主要可以分為兩大類：

1. 不輸出網頁：或許你會問，不輸出網頁的伺服器能夠用嗎？答案是：可以。因為不輸出網頁，所以運算速度比較快，效果比較快呈現出來。通常是用來給一些不需要反應的連線使用。

2. 用積木堆疊網頁：使用 blockly 積木堆疊網頁，因為要回應瀏覽器，所以，速度上來說會比較慢些，在 bDesigner 中提供了一些簡單的常用網頁積木。

上面的方式，取捨就在於各位使用者，最好是根據自己的需要，評估使用。
或許你會問，做成網頁伺服器的 PocketCard 能夠做些甚麼！它的好處在於，
除了可以根據使用者提出的需求回應相對應的網頁以外，還可以根據需求，
去驅動硬體，例如，客戶端可以遠端要求 PocketCard，把 PocketCard 上的
WS2812 發出不同顏色的光。

然而，用積木堆疊網頁，作法上大概可以分成三種，第一種就是手動輸入網址
控制硬體，然後回傳結果，如果你寫了個手機的 APP，你就可以透過這個方式，
不但可以控制硬體，還有回傳，再用 APP 去截取回傳值，第二種最常見，主要
是利用超連結控制，點到哪個超連結就控制哪個硬體，甚至是輸出哪個感測器
感測值在網頁上，但用超連結大部分是沒有參數的傳遞，所以，大部分就是開
關的控制，第三種則是透過 JavaScript 幫你做回傳的動作，前面幾種都有網頁
頁面的轉換，但這種網頁通常是同一個網頁的呈現。

活動一　瀏覽器控制 PocketCard 的 WS2812(不輸出網頁)

● **活動說明：**

這個活動主要展示如何用客戶端的瀏覽器就可以控制板載 LED 燈的顏色，因
此，板子的 LED 燈會根據你的瀏覽器輸入，而有不同的顏色。

● **新增積木：**

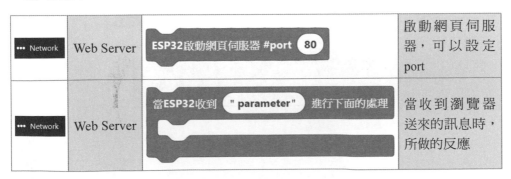

● **活動流程：**

這邊要注意的是，啟動網頁伺服器得要是在重複無限次區域中，如果，在操作的過程中，不知道板子的 IP 是多少，可以參考前面的章節，在 OLED 上顯示你的 IP，比較好進行操作。

Step 1 首先拉出一個啟動與無限循環積木。

Step 2 在啟動中加入一個連線到 AP 的積木，並填入正確的帳號跟密碼。

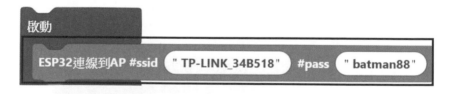

Step 3 在無限循環中加入啟動網頁伺服器積木。

Step 4　在啟動網頁伺服器積木下面放入兩個當 ESP32 收到訊息進行下面處理
　　　　積木，並填上 red 和 green。

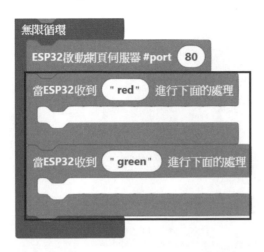

Step 5　之後在當 ESP32 收到訊息進行下面處理積木裡面放入 Lite 板載 LED
　　　　的顏色顯示積木，red 的 R 改成 255，green 的 G 改成 255。

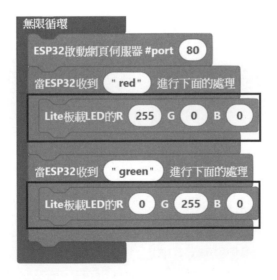

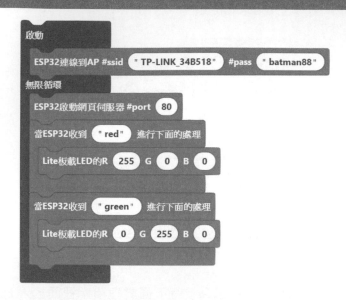

完整程式碼：

啟動

ESP32連線到AP #ssid " TP-LINK_34B518 " #pass " batman88 "

無限循環

ESP32啟動網頁伺服器 #port 80

當ESP32收到 " red " 進行下面的處理

Lite板載LED的R 255 G 0 B 0

當ESP32收到 " green " 進行下面的處理

Lite板載LED的R 0 G 255 B 0

● **活動結果：**

實際在瀏覽器上輸入網址後，你會發現，雖然沒有網頁，但是，板子的 LED 燈還是發光，而且會根據你的輸入而不同，假設你的板子 IP 是 192.168.0.101，當你輸入 http://192.168.0.101/red，板子後面的 LED 燈會出現紅光，當你輸入 http://192.168.0.101/green，板子後面的 LED 燈會出現綠光。

● **活動說明：**

這個活動用來輸出簡易的網頁

● **新增積木：**

● **活動流程：**

Step 1 先組出前面活動一的積木。

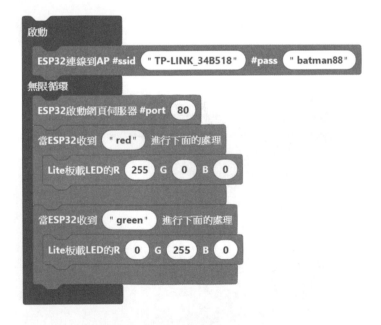

Step 2 在兩個 Lite 板載 LED 積木下面分別加入 ESP32 輸出網頁並重新接受，這邊要注意的是，網頁輸出一定得在硬體控制之後。

完整程式碼

● **活動結果：**

打開瀏覽器後，輸入 http://IP 位置 /red 和 http://IP 位置 /green，你就可以看到有網頁輸出，板載的 LED 燈也跟著變色。

輸入 192.168.0.102/red

輸入 192.168.0.102/green

活動三 利用超連結製作控制網頁

● **活動說明：**

在很多的網頁設計中，利用超連結控制 LED 燈是最常見的，在本活動中，我們製作一個簡單的控制網頁，利用超連結控制 LED 燈，通常是用一組固定的網頁，因此，在 bDesigner 也設計一個可以共用網頁的方法供人使用。

● **新增積木：**

••• HTML	Basic	呼叫 網頁1 ▼	呼叫出相同網頁的積木，這樣可以減少積木的使用
••• HTML	Basic	網頁存放在 網頁1 ▼	相同網頁放置的地方，目前暫定有五組網頁。

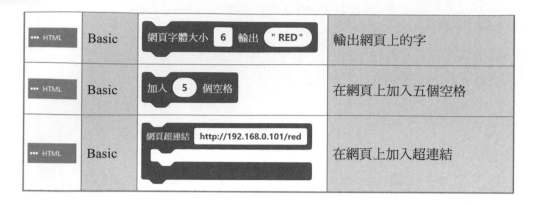

••• HTML	Basic	網頁字體大小 6 輸出 "RED"	輸出網頁上的字
••• HTML	Basic	加入 5 個空格	在網頁上加入五個空格
••• HTML	Basic	網頁超連結 http://192.168.0.101/red	在網頁上加入超連結

● 活動流程

Step 1 　在這個活動中，首先我們先組出上一個活動的積木。

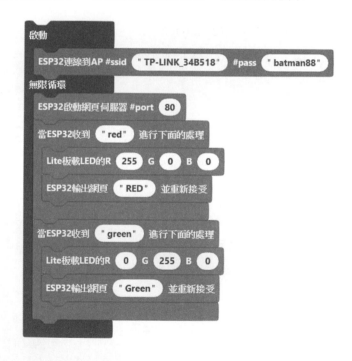

Step 2　在 ESP32 輸出網頁並重新接受的地方放入呼叫網頁 1。

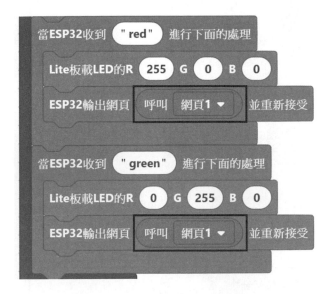

Step3　在旁邊拉一個網頁存放在哪的積木。

Step 4　先組出下面兩組積木。

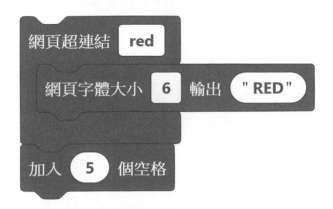

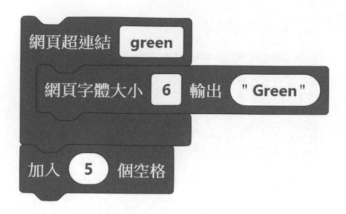

Step 5　將這兩組積木放置於網頁存在哪的積木中。

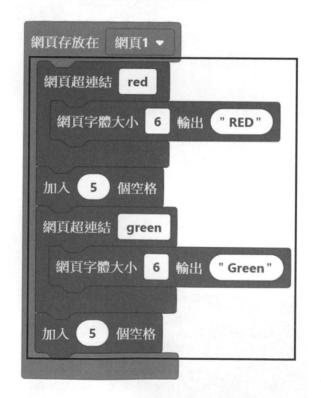

完整程式碼

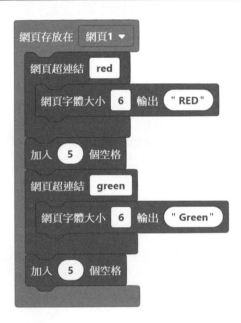

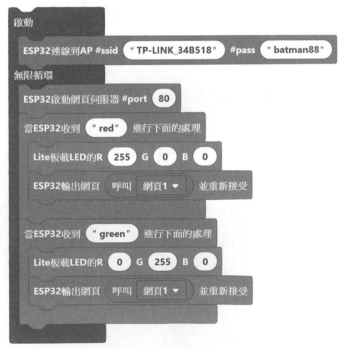

● 活動結果

在此提醒，你每次從 AP 那拿到的 IP 可能都不一樣，所以，如果再次燒錄時，發現 IP 位置不同時，請調整一下你的 IP 位置。

在瀏覽器輸入 http://IP 位置 /red

當你點擊 RED 的連結時，板載 LED 燈會發紅光，當你點擊 Green 的連結時，板載 LED 燈會發綠光。

<h2>活動四　瀏覽器取得 PocketCard 的光敏值 (輸出網頁)</h2>

● 活動說明：

本活動主要是利用網頁顯示目前光敏感測值是多少。

● 活動流程：

Step 1　首先拉出一個啟動與無限循環積木。

Step 2　在啟動中加入一個連線到 AP 的積木，並填入正確的帳號跟密碼。

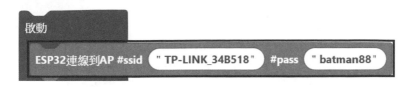

Step 3　在無限循環中加入啟動網頁伺服器積木。

Step 4　在啟動網頁伺服器積木下方放置，light 是進入網頁用。

Step 5　在旁邊拉一個網頁存放在哪的積木。

Step 6 在網頁存放在哪的積木中，加入下面的積木。

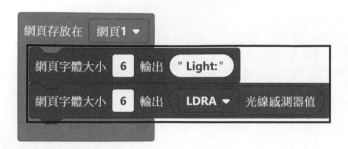

完整程式碼

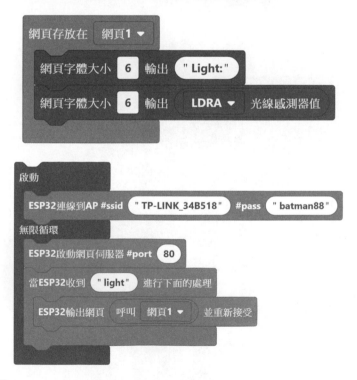

• 活動結果

假設 ESP32 的 IP 為 192.168.0.102 的話，在瀏覽器上鍵入 http://192.168.0.102/light ，並且不斷更新網頁，你會發現每次數值都不一樣。

活動五　用 JavaScript 取得回傳值

• 活動說明：

透過 JavaScript，可以在不更新網頁的情況下，取得網頁的值，所以我們製作了兩個簡單的拉軸，兩個拉軸取名為 name1 和 name2，當快速拉動拉軸時，數字就會回傳給序列埠，這樣的使用方法，目前支援五個文字的回傳，可以用來做硬體控制。

• 新增積木

HTML	Self	輸出自動更新網頁並重新接受要求	輸出自動更新的網頁，並重新接收連線，讓伺服器可以繼續服務，跟前面的一樣，如果有硬體控制，請放在他的前面
Network	Web Server	取得參數與參數值	取得參數
Network	Web Server	取得參數 "para"	比對 GET 的參數，如果有找到參數，會進行裡面的步驟

Network	Web Server	取得值	等有取到參數後，便可以用這個積木取得參數值
HTML	Basic	網頁字體大小 1 輸出文字 name2	輸出網頁上的字
HTML	Self	換行	在網頁上面進行換行
HTML	Self	滑桿名稱：" name " 最大：255 最小：0 值：0	在網頁上面輸出一個搖桿，這邊要注意的是，名稱不可以一樣

● **活動流程**

Step 1　首先拉出一個啟動與無限循環積木。

Step 2　在上面放置兩個文字變數。

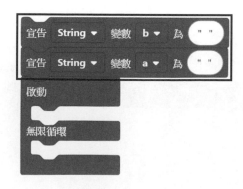

Step 3　在啟動中加入一個連線到 AP 的積木，並填入正確的帳號跟密碼。

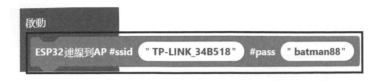

Step 4　在無限循環中加入啟動網頁伺服器積木。

Step 5　加入一個當 ESP32 收到訊息積木，訊息部分用 ?，這是因為通常傳送
參數一定要加上 ?，後面接參數名稱 = 參數值

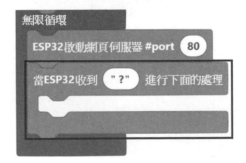

Step 6 先放置一個取得參數與參數值積木後，放置兩個取得參數積木，參數
        對應到等一下滑桿要用的名稱 name1 和 name2，並在其中讓變數 a
        和變數 b 存放取得值。

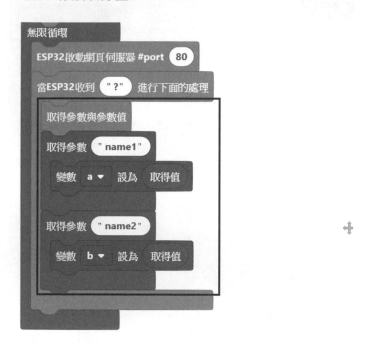

Step 7 放入板載 LED 控制積木，並把變數放入，在放入前要注意，因為變數
        是文字 String，所以要先轉成數字 int。

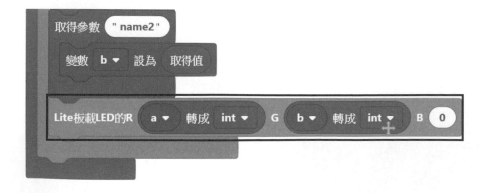

Step 8 接著放入輸出自動更新網頁並重新接受要求積木。

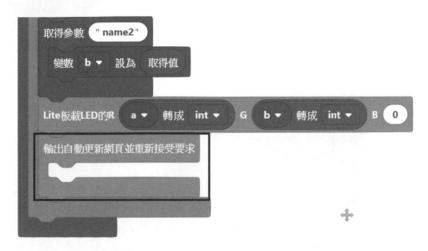

Step 9 先放置網頁輸出字的積木,讓滑桿前面有滑桿 1 和滑桿 2 的文字顯示, 接著放入兩個滑桿積木,並將名稱設定為 name1 和 name2。

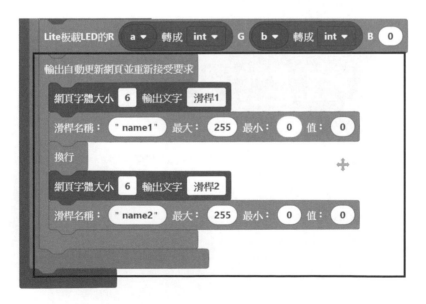

完整程式碼

```
宣告 String ▼ 變數 a ▼ 為 ""
宣告 String ▼ 變數 b ▼ 為 ""
啟動
    ESP32連線到AP #ssid "TP-LINK_34B518" #pass "batman88"
無限循環
    ESP32啟動網頁伺服器 #port 80
    當ESP32收到 "?" 進行下面的處理
        取得參數與參數值
        取得參數 "name1"
            變數 a ▼ 設為 取得值

        取得參數 "name2"
            變數 b ▼ 設為 取得值

        Lite板載LED的R a ▼ 轉成 int ▼ G b ▼ 轉成 int ▼ B 0
        輸出自動更新網頁並重新接受要求
        網頁字體大小 6 輸出文字 滑桿1
        滑桿名稱: "name1" 最大: 255 最小: 0 值: 0
        換行
        網頁字體大小 6 輸出文字 滑桿2
        滑桿名稱: "name2" 最大: 255 最小: 0 值: 0
```

● **活動結果**

當你在瀏覽器上輸入 http://IP 位置 /? 時，就可以呼叫出網頁

拉動拉軸，你就可以看到板載的 LED 燈有顏色的變化，而且網頁很明顯地沒有更動的現象，但後面的硬體都跟著改變。

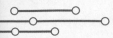

Part. 5

藍芽、UDP 與
MQTT 控制

5-1 使用 PocketCard 進行 MQTT 通訊服務

MQTT 是由 IBM 的 Andy Stanford-Clark 與 Eurotech 的 Arlen Nipper 於 1999 年所提出的一個通訊協定，比起 HTTP 通訊協定來說，MQTT 通訊協定比較精簡，少了很多的標頭 (header) 資訊，所以傳送的訊息比較低，其標頭僅採用一些簡單訊息，只佔了 2 位元組，之後就接著訊息的主題 (topic) 和內容 (payload)。這樣的模式，非常適用於在有限網路頻寬環境以及低處理資源的系統，所以，目前這個通訊協定被推薦為物聯網協定標準。

或許，有人會想問，為什麼不直接使用 TCP 或是 UDP 通訊，這邊要注意的是，MQTT 是一個透過伺服器轉送的機制，在 MQTT 中，伺服器稱為代理人，訂閱者因為是跟代理人訂閱某個主題，因此，即使訂閱者即使在防火牆以後，都還是可以收到訊息，其實最簡單的講法就是，MQTT 是有伺服器協助通訊的通訊協定，比起 TCP 跟 UDP 來說，可以透過伺服器來穿越防火牆，因此，就算行動裝置躲在防火牆後面，依舊可以互相通訊。而且 MQTT 還可以進行一對多的發佈 (Publish)/ 訂閱 (Subscribe)，發布者如果跟訂閱者有著相同的主題，發布者便可以將訊息傳給訂閱者，讓一個裝置可以透過 MQTT 可以同時傳送訊息給多個裝置，而達到多控的效果。

▲ 圖 5-1-1 MQTT 訊息傳遞方式

MQTT 有幾個常見的免費代理人可以使用，其中，作者用起來最好用的是 HiveMQ 這個免費服務，網址如下：

http://www.hivemq.com/demos/websocket-client/

開啟這個網站後,便可以使用這個網站的 MQTT 服務,你可以自己訂閱某個主題後,再自己發訊息給自己,以了解 MQTT 的運作。使用的流程如下:

Step 1 先進入到 HiveMQ 這個網站

http://www.hivemq.com/demos/websocket-client/

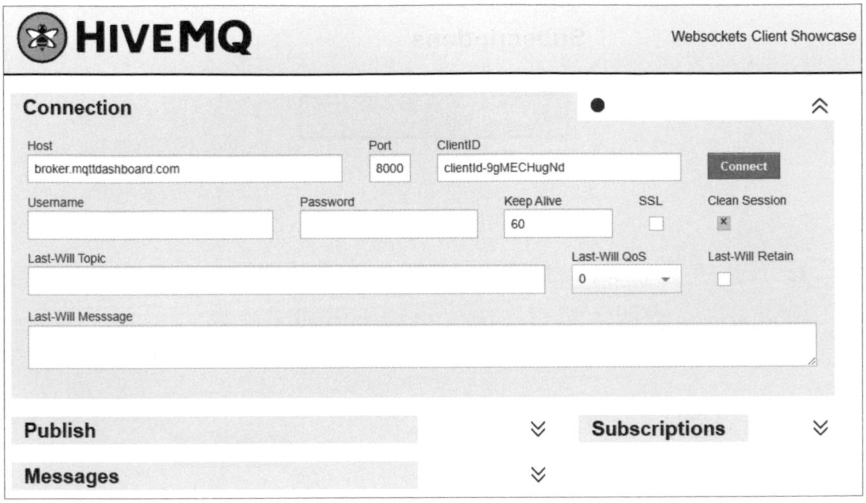

Step 2 按下「connect」連線

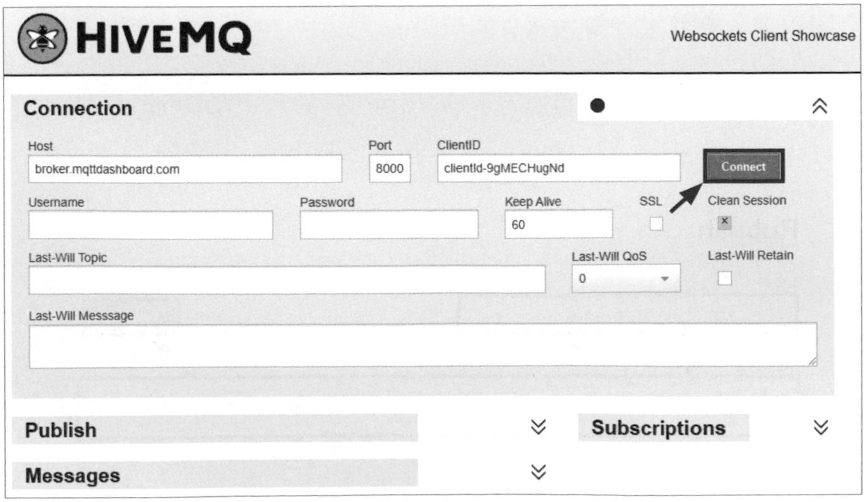

Step 3 連線後，點一下右下角「Subscriptions」旁邊的箭頭。

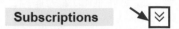

Step 4 按下箭頭後會出現一個按鈕，按下「Add New Topic Subscription」。

Step 5 按下後，會出現一個新的視窗，在上面打上 /bDesigner，訂閱 / bDesigner 這個主題 (Topic)，這樣就完成了訂閱。

有了訂閱以後，接著進行傳送訊息的步驟。

Step 6 在左邊的 Publish 的地方，在 Topic 中輸入「/bDesigner」，並且在 Message 中輸入「Hello」後，按下「Publish」按鈕。

Step 7   按下後,下面的 Messages 便會出現收到 Hello 的訊息。

Messages   ⌃

2021-07-26 16:53:06   Topic: /bDesigner   Qos: 0

Hello

Step 8   Messages 的接收是屬於訂閱的,不相信你修改一下,將 Publish
          的 Topic 改成 /ESP32,這時,你會發現,不管你按了幾次,下方的
          Message 還是保持只有一個的狀態。

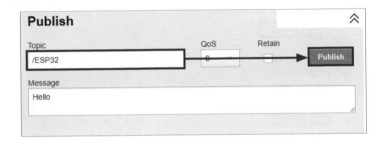

Step 9   觀看 Messages,你會發現,沒有新的訊息進入。

Messages   ⌃

2021-07-26 16:53:06   Topic: /bDesigner   Qos: 0

Hello

在了解了 MQTT 這個 MQTT 通訊協定以後,下面我們就可以利用 MQTT 讓你
的 OLED 顯示傳送跟接收到的訊息。

活動一　用 MQTT 讓你的 OLED 顯示接收到的訊息

● **活動說明：**

讓 PocketCard 使用 MQTT 去 Hivemq 訂閱一個頻道，再利用 Hivemq 的 Client 程式發送訊息給 PocketCard，當 PocketCard 收到訊息後，便將訊息顯示在 OLED 上面。

● **新增積木：**

••• Network	MQTT	MQTT 伺服器 " broker.mqttdashboard.com " Port: 1883	設定要連線的 MQTT 伺服器以及 Port
••• Network	MQTT	MQTT訂閱 "/esp32"	訂閱 /ESP32 主題
••• Network	MQTT	MQTT接收訊息處理	當接收到 mqtt 訊息時的處理
••• Network	MQTT	MQTT收到訊息主題	收到的訊息主題
••• Network	MQTT	MQTT收到訊息	收到的訊息內容

● **進行活動：**

下面我們先用 Hivemq Client 連線後，再進行板子的燒錄，這是為了讓 Hivemq 可以傳送訊息給板子。

Step 1　開啟 Hivemq Client，並點選 Connect。

Step 2 先拉一個啟動與無限循環積木。

Step 3 在啟動上面加入連線到 AP 積木以及 MQTT 積木，hivemq 的伺服器為 broker.mqttdashboard.com，Port 為 1883，測試訂閱頻道為 / ESP32。

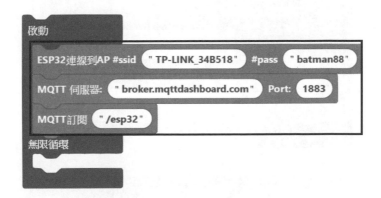

Step 4 拉一個 MQTT 接收訊息處理積木。

Step 5 因為 MQTT 接收時,是訊息與主題同時接收,因此,必須在裡面加入訊息主題判斷。

Step 6 將收到的訊息放置在 OLED 上面,這樣便可以燒錄到板子上了。

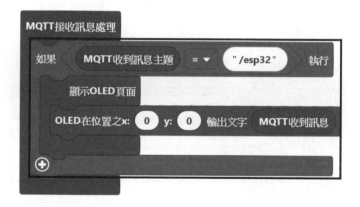

完整程式碼:

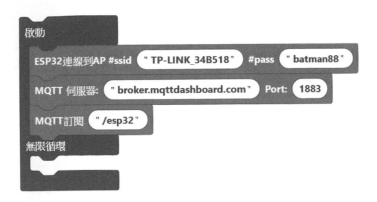

• **活動結果**

用 Hivemq Push 發送一個 Hello 的訊號給 Topic 為 /esp32。

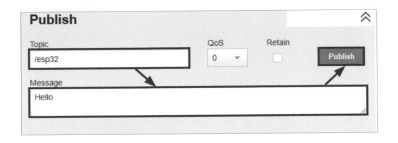

OLED 上面會顯示 Hello，你也可以用其他的訊息試試。

活動二 用 **MQTT** 傳送你的訊息

• **活動說明**

前面的活動，示範了怎樣用 PocketCard 訂閱主題與接收訊息，接下來這個活動將會發送 MQTT 訊息給 Hivemq Client。

- **新增積木**

- **進行活動**

Step 1 開啟 Hivemq Client，並登入。

Step 2 進入後，按下「Add New Topic Subscription」，註冊一個主題。

Step 3 主題名稱設為 /esp32，然後按下 "Subscribe"。

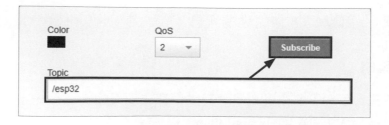

Step 4 拉一個啟動與無限循環積木。

Step 5 在裡面加入 AP 和 MQTT 訂閱，並做好相關的設定

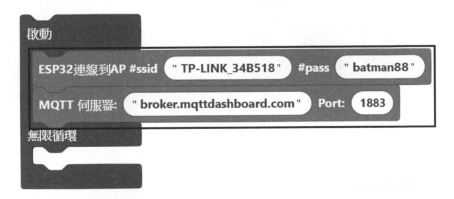

Step 6 在無限循環中加入下面積木，然後將整個程式燒錄到板子上。

完整程式碼：

```
啟動
    ESP32連線到AP #ssid  "TP-LINK_34B518"  #pass  "batman88"
    MQTT 伺服器:  "broker.mqttdashboard.com"  Port: 1883
無限循環
    MQTT對  "/esp32"  發出訊息:  "Thanks"
    延遲  1000  毫秒
    MQTT對  "/esp32"  發出訊息:  "Hello"
    延遲  1000  毫秒
```

● **活動結果**

觀看 Messages，會有很多 Hello 和 Thanks 的訊息不斷地交替進入。

Messages   ⌃

| 2021-07-26 22:59:11 | Topic: /esp32 | Qos: 0 |
| Thanks | | |

| 2021-07-26 22:59:10 | Topic: /esp32 | Qos: 0 |
| Hello | | |

| 2021-07-26 22:59:09 | Topic: /esp32 | Qos: 0 |
| Thanks | | |

| 2021-07-26 22:59:08 | Topic: /esp32 | Qos: 0 |
| Hello | | |

| 2021-07-26 22:59:07 | Topic: /esp32 | Qos: 0 |
| Thanks | | |

| 2021-07-26 22:59:06 | Topic: /esp32 | Qos: 0 |
| Hello | | |

5-2 使用 PocketCard 進行 UDP 通訊服務

User Datagram Protocol（簡稱 UDP），是一種不可靠的資料傳遞協定，它一旦把資料傳送出去後，是不會做任何資料備份，因此，即使對方沒有收到訊息，也不能重新傳送，這樣的通訊協定看似不太保險，感覺實用性也不高，但是在某些急需要快速反應的應用程式來說，這個通訊協定就很好用。舉例來說，多人對戰的遊戲跟網路電話就很常用 UDP 通訊協定來傳送資料，因為在這些軟體中，偶爾遺失一些資料，其實是可以被接受的，而且因為沒有可靠重送與重新傳送等機制，所以，速度也比較快些。

UDP 還有一個特色，這個特色就是廣播（Broadcasting），這個在 TCP 上面是沒有的，不過，使用廣播是比較耗效能的，因為它會把訊息傳送給在子網域下的所有上網設備，所以，如果你的基地台不夠力，千萬別讓它傳送廣播訊息給太多的設備，筆者自己試過，如果是一般的基地台，一塊 PocketCard 大概可以廣播給 20 塊的 PocketCard，如果真的非得要用廣播功能給多個設備，筆者個人建議，最好考慮 MQTT 這樣的通訊協定。

那你或許會問，要怎樣可以做出廣播呢？其實很簡單，只要將你的訊息傳送給廣播位址即可，假設你的網路環境如下：

網路是 192.168.1.0，netmask（網路遮罩）是 255.255.255.0

那你的廣播位址就是 192.168.1.255，只要發送訊息到這個 IP，將會複製一份相同的給其他同樣是 192.168.1 開頭的網路設備。

在使用 UDP 實驗前，請你先準備一隻 Android 手機，而且要跟 PocketCard 使用同一個基地台上網，接著下載下面這個應用程式─ TCP/UDP TEST TOOL。

TCP/UDP TEST TOOL

Animotech Inc.　工具　　　　　　　　　　　★★★★☆ 118 👤

3+

含廣告內容
ⓘ 這個應用程式與你的裝置相容

已安裝

這個應用程式可以讓我們用手機與 PocketCard 進行 UDP 通訊，大部分的章節都是手機或是電腦連到 PocketCard，不需要知道手機的 IP 位址，但是使用 UDP 通訊協定就必須先知道手機的 IP，所以，下面我們先進行查詢手機 IP 教學，當然每支手機都不一樣，所以如果你的跟我不一樣，可能就要自己想辦法查詢，或是讓手機發送一個訊息給開發板，來得知 IP 位置。

Step 1 首先進入到 WIFI 基地台的設定。

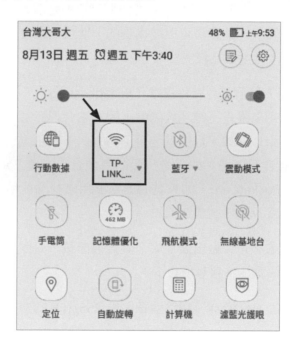

Step 2 點擊手機連線的基地台，以查詢手機的 IP 位置。

Step 3 往下找，應該會顯示網路相關資料，請記得這個 IP 位置是多少。

網路詳細資料

MAC 位址	2c:fd:a1:53:a1:84
IP 位址	**192.168.0.100**
閘道	192.168.0.1
子網路遮罩	255.255.255.0
DNS	168.95.192.1 168.95.0.1
連線速度	72 Mbps

不過，每款手機的查詢方式不見得完全一樣，如果你的手機跟我的不一樣的話，請先找一下你的手機如何知道 IP 位置，當知道手機的 IP 位置以後，我們就可以進行下面的活動。

活動一 發送 UDP 訊息

● 活動說明：

這個活動利用 PocketCard 發送 UDP 訊息給手機的「TCP/UDP TEST TOOL」這個 APP。

● 新增積木：

●●● Network	UDP	啟動UDP伺服器 port 8888	啟動 UDP 伺服器，最好放置在 setup 中。

		UDP傳送給 IP: 192,168,0,100 Port: 8888 訊息: " hello "	傳送訊息積木,需要先知道對方的 IP 位置跟 Port。
••• Network	UDP		

● 活動流程:

Step 1 回到手機,開啟「TCP/UDP TEST TOOL」這個 APP。

Step 2 設定好 PocketCard 的 UDP 位址與 Port,這邊也是為了方便,Port 都設為 8888,以免搞混,接著按下「CONNECT」按鈕後進行連線。

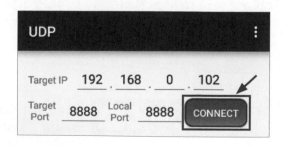

Step 3 先拉一個啟動與無限循環積木。

Step 4 現在啟動區置入下面的積木。

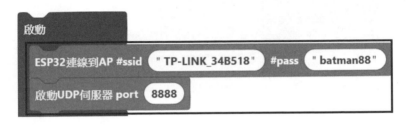

Step 5 在無限循環區置入下面的積木,為了設置方便,手機的 Port 和 PocketCard 的 Port 都設為一樣的,這邊要注意的是,傳統的 IP 位置是用頓點 . 去區隔,但是 Arduino 的 UDP 都是用逗點,去做區隔,所以網路位址要變成 192,168,0,102。

完整程式碼

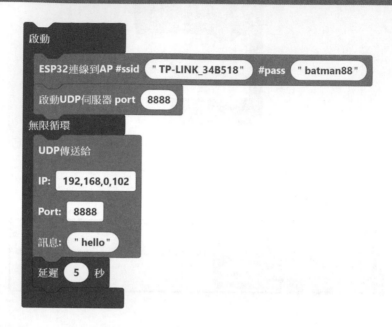

• **活動結果：**

如果都沒有填錯的話，連線後就會有訊息慢慢進入。

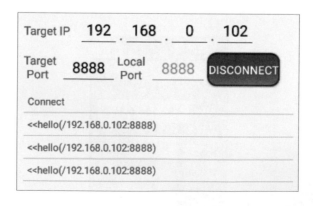

活動二　接收 UDP 訊息

● **活動說明：**

這個活動將用 PocketCard 接收來自手機的 UDP 訊息。

● **新增積木：**

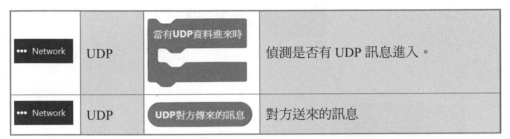

••• Network	UDP	當有UDP資料進來時	偵測是否有 UDP 訊息進入。
••• Network	UDP	UDP對方傳來的訊息	對方送來的訊息

● **進行活動：**

Step 1 開啟 APP 後，設定好 IP、Target Port 和 Local Port 後，按下「CONNET」按鈕。

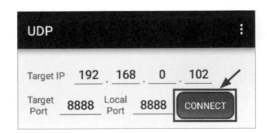

Step 2 按下後，會有 CONNECT 的字樣出現，這就代表進入到連線狀態，這個狀態一定要有，不然不能進行訊息通訊。

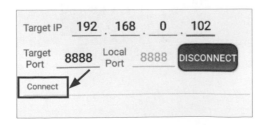

Step 3　先拉一個啟動與無限循環積木。

Step 4　在啟動中加入下面的積木。

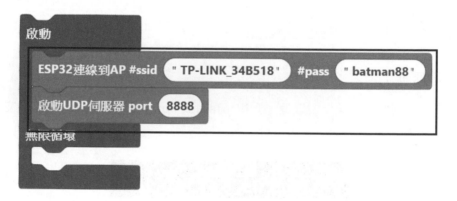

Step 5　在無限循環中先加入當有 UDP 資料進來時，這樣可以減少不必要的比對。

Step 6 接下來將訊息顯示在 OLED 上面。

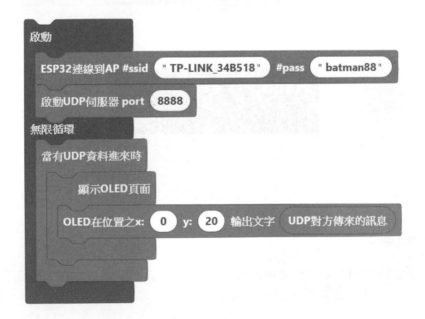

完整程式碼：

- **活動結果：**

用 U8G2 的效果比較明顯，不管給的是中文英文，它都可以顯示。

Step 1　當我們在 APP 最下方輸入 " 你好 " 後,按下「傳送」按鈕

Step 2　PocketCard 顯示

Step 3　當我們在 APP 最下方輸入 "Hello" 後,按下「傳送」按鈕

Step 4　PocketCard 顯示

活動三　**PocketCard 利用廣播位置發送訊息**

● **活動說明:**

這個活動利用 PocketCard 發送一個訊息給廣播位址,你會發現,即使手機不是那個廣播位址,也是可以接收到訊息。

這個活動要先說明的是,如果你的 IP 是 192.168.0.X,遮罩是 255.255.255.0,廣播位址才會是 192.168.0.255,如果你的網路環境是其他的,請修改廣播位址。

• **進行活動：**

Step 1 開啟手機的「TCP/UDP TEST TOOL」，將 IP 填寫成 192.168.0.255，並按下「CONNECT」按鈕。

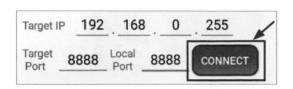

Step 2 按下後，會有 CONNECT 的字樣出現，這就代表進入到連線狀態，這個狀態一定要有，不然不能進行訊息通訊。

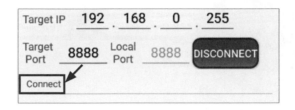

Step 3 先組出活動一的積木。

Step 4 修改 IP 位置,將其最後一個數字改成 255 即可,之後進行燒錄。

完整程式碼:

啟動

ESP32連線到AP #ssid " TP-LINK_34B518 " #pass " batman88 "

啟動UDP伺服器 port 8888

無限循環

UDP傳送給

IP: 192,168,0,255

Port: 8888

訊息: " hello "

延遲 15 秒

• 活動結果:

你會發現,手機接收端接收設為廣播 IP,不管傳送者的 IP 是多少都能夠接收的到訊息。

活動四 手機用廣播位置發送訊息給 PocketCard

● **活動說明：**

利用手機發送訊息給廣播位置，PocketCard 即使也會收到訊息。

● **進行活動：**

Step 1 開啟手機的「TCP/UDP TEST TOOL」，將 IP 填寫成 192.168.0.255，
並按下「CONNECT」按鈕。

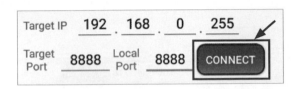

Step 2 先拉一個啟動與無限循環積木。

Step 3 在啟動中加入下面的積木。

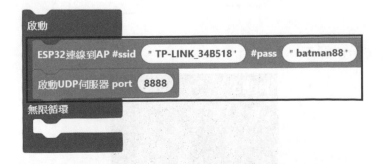

Step 4 在無限循環中放置下面的積木後進行燒錄。

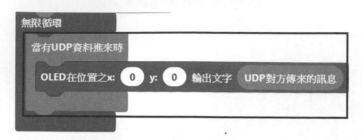

完整程式碼：

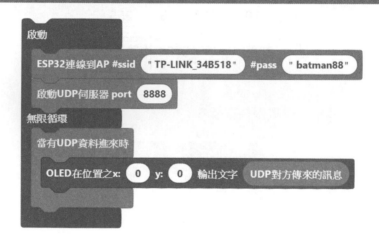

• 活動結果：

下方傳送的地方，設定為 "Hello"，並且發送。

• PocketCard 顯示

這邊的兩個活動，可以讓你知道，廣播位址是可以收到跟傳送給相同網域的設備。

| 活動五 | 直接用 UDP 廣播積木傳送訊息 |

● **活動說明：**

上面兩個活動，展示了如何利用 UDP 廣播 IP 進行廣播傳送，bDesigner 的 blockly 還另外做出了廣播積木，這樣你就不用設定廣播 IP 也可以達到廣播的使用，使用上起來更加的方便。

● **新增積木：**

| ••• Network | 廣播 | 廣播群組 0 | 設定廣播群組，這個群組其實就是對應 UDP 的 Port，而且一旦設定，接收跟傳送給對方的 Port 都設為這個 Port |
| ••• Network | 廣播 | 廣播訊息: " hello " | 傳送訊息給廣播 IP |

● **進行活動：**

Step 1 開啟 APP 後，填入廣播 IP 跟 Port，按下「CONNECT」按鈕。

Step 2 按下後，下方會顯示 Connect。

Step 3　先拉一個啟動與無限循環積木。

Step 4　在啟動中加入下面的積木。

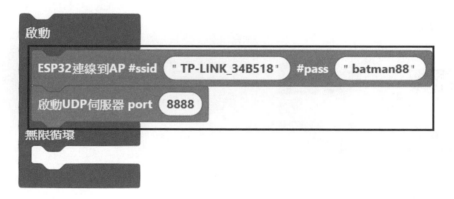

Step 5　在無限循環中加入下面的積木,並燒錄到板子。

完整程式碼：

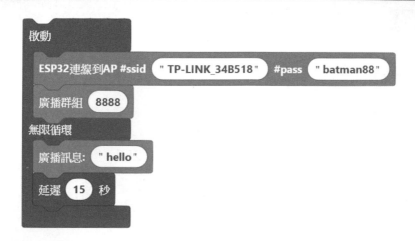

● 活動結果：

等燒錄完後，訊息就會慢慢進入

活動六　直接用 UDP 廣播積木接收訊息

● 活動說明：

這邊利用了兩塊 PocketCard，一塊 PocketCard 負責傳送訊息，一塊 PocketCard 負責接收訊息。

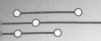
- 新增積木：

- 進行活動：

Step 1 開啟 APP，填入廣播 IP 和 Port 的資料後，按下「Connect」按鈕。

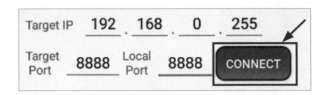

Step 2 按下按鈕後，會有 Connect 的字樣。

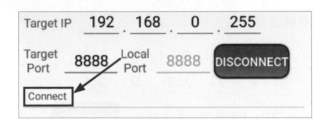

Step 3 先拉一個啟動與無限循環積木。

Step 4 在啟動中加入下面的積木。

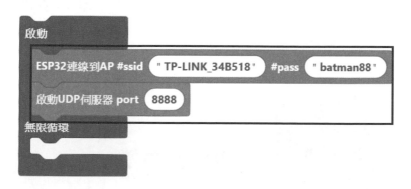

Step 5 在無限循環中加入一個儲存接收廣播訊息的變數。

Step 6 變數下面接上判斷變數是否是空字串，然後再將訊息顯示在 OLED，
並燒錄到板子。

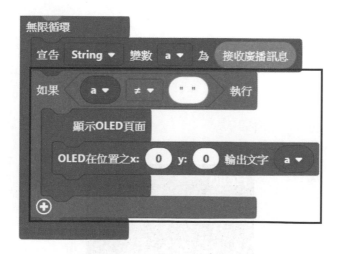

完整程式碼：

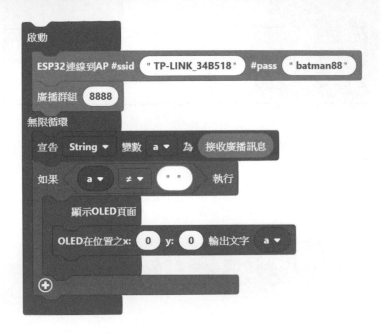

• **活動結果：**

在下方傳送的地方，設定為 "Hello"，接著按下 SEND。

在 PocketCard 的 OLED 會顯示

5-3 使用 PocketCard 進行藍芽通訊服務

藍芽是一種無線通訊技術標準，用來讓行動裝置或是固定裝置可以在短距離互相交換訊息，這項技術是在 1994 年由愛利信 (Ericsson) 公司所發展，現在則由藍芽技術聯盟 (SIG) 所負責，目前有著許多協議標準，PocketCard 用的是 ESP32 的晶片，所以除了 WIFI 以外，還有低功耗藍芽功能，支援藍芽 v4.2，其中包含傳統藍芽，在本章節中，主要示範了傳統藍芽的使用，這是因為傳統藍芽使用上比較簡單，可以快速使用，還可以跟手機以及 arduino 的 HC-05 和 HC-06 藍芽模組互相溝通。在使用前，我們先介紹一個手機軟體— Serial Bluetooth Terminal，這套 APP 可以跟 ESP32 進行溝通，所以在進行本課程前，請先下載安裝。

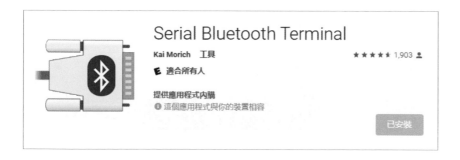

下載好軟體以後，就可以開始進行下面的活動。

活動一　接收 Serial Bluetooth Terminal 所發出的訊息

● 活動說明：

在這個活動中，我們嘗試用手機上的 Serial Bluetooth Terminal APP 發送一個 Hello World 給 PocketCard，並顯示在 OLED 上。

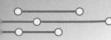
● 新增積木：

••• Network	藍芽	藍芽設備名稱 " Hello "	設定藍芽名稱
••• Network	藍芽	藍芽是否有資料	檢查是否有其他藍芽設備傳送資料過來
••• Network	藍芽	讀取藍芽字串	讀取其他藍芽設備傳送過來的字串

● 活動流程：

Step 1　先拉一個啟動與無限循環積木。

Step 2　在啟動中增加一個藍芽設備積木並取一個名稱。

Step 3 在無限循環中加入一個檢查藍芽是否有資料的判斷。

Step 4 在檢查藍芽資料中,再加上序列埠的輸出。

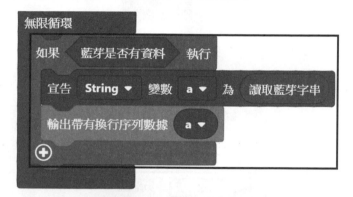

完整程式碼:

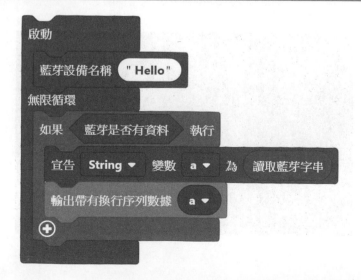

● **活動結果：**

這邊我們測試一下 C Blockly 的序列埠監視器。

Step 1 點選主選單 -> 其他功能 -> 序列監視器。

Step 2 選擇 COM Port 後，點選 OK 按鈕。

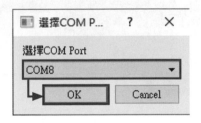

Step 3 這時會開啟一個序列埠視窗。

Step 4 開啟手機的藍芽功能,並進入設定。

Step 5 這時你會看到藍芽的可用裝置有偵查到 Hello 這個裝置。

Step 6 進行配對。

Step 7 配對成功後,就會在配對裝置中看到 Hello 這個裝置。

Step 8　開啟 Serial Bluetooth Terminal 這個 App，並點選左上角的選單。

Step 9　點選 Devices。

Step 10 找到 Hello 這個裝置並點擊它。

Step 11 這時 APP 就會顯示已經連線。

11:46:15.450 Connecting to Hello ...
11:46:16.298 Connected

Step 12 連線後輸入 Hello，按下發送，上方也會顯示 HELLO，只是是藍色的。

11:46:15.450 Connecting to Hello ...
11:46:16.298 Connected
11:46:54.746 HELLO

| M1 | M2 | M3 | M4 | M5 | M6 |

HELLO

在序列埠上，就會顯示 Hello

活動二 發送訊息給 Serial Bluetooth Terminal

● 活動說明：

在這個活動中，我們嘗試用 PocketCard 發送一個 Hello World 給手機上的 Serial Bluetooth Terminal APP 上，記得，如果前面的操作有開啟序列監視器，請關閉後再進行這個活動。

● 新增積木：

••• Network	藍芽	輸出藍芽字串 " Test "	傳送藍芽字串給其他藍芽裝置

● 活動流程：

Step 1　先拉一個啟動與無限循環積木。

Step 2　在啟動中增加一個藍芽設備積木並取一個名稱。

Step 3 在無線循環中加入輸出藍芽字串的積木，並燒錄到板子。

完整程式碼：

● **活動結果：**

Step 1   如果前面已經操作過，怎樣進行藍芽連線，藍芽可能還記錄著硬體，直接從上面活動一的第九個步驟開始進行操作即可。

Step 2   接頭圖示接上後，就會進入連線狀態，連線後，訊息就會進入。

Step 3   因為沒有換行，所以，都在同一個紀錄上顯示。

```
12:00:03.511 Connecting to Hello ...
12:00:04.016 Connected
12:00:04.030 HelloWorldHelloWorldHelloWorldHelloWorl
dHelloWorldHelloWorldHelloWorldHello
```

活動三   **發出換行訊息給 Serial Bluetooth Terminal**

● **活動說明：**

在這個活動中，我們嘗試用手機上的 Serial Bluetooth Terminal APP 發送一個 Hello World 給 PocketCard，並顯示在 OLED 上。

● **新增積木：**

••• Network	藍芽	輸出藍芽帶換行的字串 "Test"	傳送藍芽字串給其他藍芽裝置

● **活動流程：**

Step 1 拉一個啟動與無限循環積木。

Step 2 在啟動中增加一個藍芽設備積木並取一個名稱。

Step 3 在無限循環中加入換行訊息。

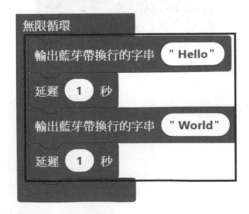

● 完整的積木

● 活動結果

因為有換行效果，所以，你會看到 APP 的呈現也不太一樣。

活動四   兩塊 PocketCard 互相通訊

● 活動說明：

在這個活動中，兩塊 PocketCard 互相通訊，要互通，一個就得當 Master，另一個就得當 Slave，這個互通活動，你可以用來做更多的硬體控制。

● **活動流程：**

下面的活動有兩塊板子，記得接收的板子要先啟動，所以，我們先處理接收的
板子。

Step 1 拉一個啟動與無限循環積木。

Step 2 在啟動中增加一個藍芽設備積木並取一個名稱。

Step 3 在無限循環中加入一個檢查藍芽是否有資料的判斷。

Step 4　在判斷藍芽是否有傳送資料中，加入兩個判斷字串，用來驅動板載的 LED 燈。

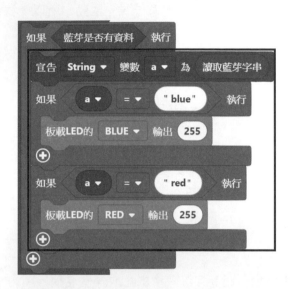

第一塊完整程式碼：

接下來處理傳送的板子。

Step 1 拉一個啟動與無限循環積木。

Step 2 在啟動中增加一個藍芽連線積木,除了給自己一個名稱 "Hello1" 外,還得給連線設備名稱 "Hello"。

Step 3 在無限循環中加入輸出藍芽字串,用來呼叫另外一塊板子。

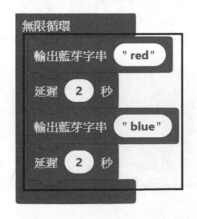

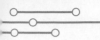

完整程式碼：

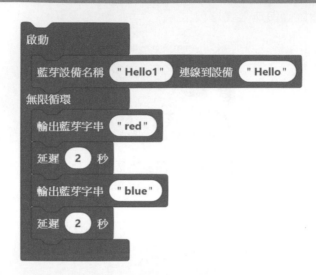

啟動
藍芽設備名稱 " Hello1 "　連線到設備 " Hello "
無限循環
輸出藍芽字串 " red "
延遲 2 秒
輸出藍芽字串 " blue "
延遲 2 秒

- **活動結果：**

燒完後，請先將第一塊插上電後，接著才將第二塊插上電，之後你便可以看到
板子的 LED 燈發出不同的顏色的光線。

Part 6
其他的網路服務

6-1 使用 IFTTT 傳送電子郵件

　　IFTTT 是一個免費的網路服務平台，這個網路服務平台以往是全部免費，但最近開始收費，但你也不用擔心，三個服務以內還是免費，如果要用到第四個，才會開始詢問是否要付費，如果沒有付費，就無法啟動第四個網路服務，但三個已經足夠做一般使用。它的運作方式是透過一個服務去觸發另外一個服務，我們最常使用在物聯網的是用 webhook 去觸發其它的網路服務。

　　甚麼是 webhook 呢？它是一種 HTTP 的接口，當你用瀏覽器發出對他提出要求的請求後，它便可以將這個請求根據你在 IFTTT 內的規則，去啟動另外一個網路服務，例如：Email、Line 等等。下面我們先進行 IFTTT 的註冊教學，註冊完畢之後，便可以撰寫 PocketCard 程式，讓 IFTTT 幫我們轉送訊息給其他服務，整個註冊帳號流程如下：

Step 1　首先登入到 IFTTT 的網站，請在瀏覽器上輸入 https://ifttt.com/，就會進入到 IFTTT 的網站。(IFTTT 是一個經常更新的網站，所以有可能畫面會不一樣)

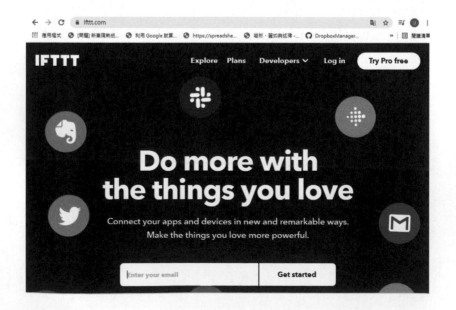

Step 2 點擊右上角 Login in。

Explore　Plans　Developers ∨　Log in　Try Pro free

Step 3 之後便會進入到 Login in 的畫面，接著進入到下方的 Continue with Apple, Google, or Facebook 進行註冊。

Log in

Email

Password

Forgot your password?

Log in

Continue with Apple, Google, or Facebook

Step 4 這邊建議，最好用一個你的 Google 帳號或是 Facebook 帳號，才可以快速使用 IFTTT，這邊我們用 Facebook 進行登入。

Step 5 登入時，會詢問你的 FB 帳號密碼。

f Facebook

登入你的 Facebook 帳戶以使用 **IFTTT**。

電子郵件或電
話：

密碼：

登入

忘記帳號？

建立新帳號

Step 6 第一次使用會詢問你的 FB 授權，請點選以 XX 身分繼續。

f 使用 Facebook 帳號登入

IFTTT

IFTTT 要求存取下列項目：
你的姓名和大頭貼照和電子郵件地址。

編輯管理權限

這不會讓應用程式在 Facebook 上發佈貼文

以任倫的身分繼續

取消

如果繼續，IFTTT 將取得長期使用權限，可存取你分享的資訊，且 Facebook 會記錄 IFTTT 存取
資訊的時間。深入瞭解本次分享資訊的影響，以及你可以進行哪些設定。

IFTTT 的隱私政策和使用條款

Step 7 進入後,會問你是否要使用專業版,請直接跳過,直接點選「Maybe Later」。

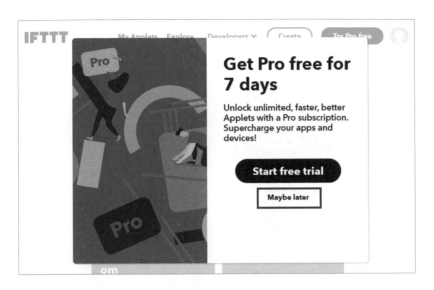

Step 8 看到下面的網頁,就代表你註冊成功。

註冊好了之後,我們就可以開始下面的活動。

| 活動一 | 利用 IFTTT 轉送溫度的 EMAIL 訊息 |

- **活動說明：**

將板子感應到的溫度送到 EMAIL 上面。

- **新增積木：**

••• Network	IFTTT	連線IFTTT 事件 "event" / 金鑰 "key" / 參數1 "value1" / 參數2 "value2" / 參數3 "value3"	用以連接 IFTTT 服務，可以幫你發送各種訊息到你想要的服務

- **活動流程：**

Step 1　首先先登入 IFTTT。

Step 2　看到這畫面，就可以開始使用 IFTTT 的服務，讓我們先點擊上面的 Create 按鈕，開始新增一個服務。

Step 3　在 IFTTT 中,是使用 if this then that 來啟動服務,這是甚麼意思呢?其實就是當它收到某服務要求時,就會啟動那個服務,因此,點選 if this 上面的「Add」按鈕,我們先啟動一個 EMAIL 服務。

Step 4　在下面的查詢視窗中,輸入 webhook,輸入完畢以後,其他的圖示都會消失,只剩下 Webhooks 這個圖示出現,接著我們點擊它。Webhook 是指希望 IFTTT 接收 HTTP 通訊協定的訊息,這樣,我們就可以利用瀏覽器軟體來啟動我們要的網路服務。

Step 5   接下來它會出現下面的兩個圖示，點選左邊那個。

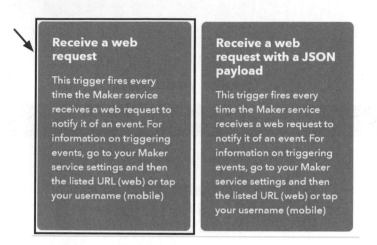

Step 6   輸入一個事件名稱 test，要記得這個名稱，接下來按下「Create trigger」按鈕。

Step 7   這時，你會發現我們跳回了之前的 if this then that 的網頁，而且 if this 的顏色變成了藍色，到這裡，我們已經完成了一半，接下來繼續進行下面的部分，請點選「Then That」的「add」按鈕。

Step 8 在詢問視窗中，輸入 Email 後，這時會跳出兩個 Email 的圖示，請點選左邊那個。

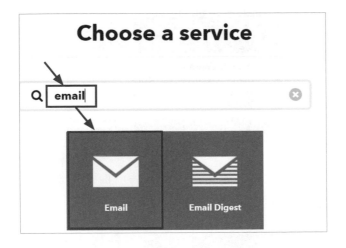

Step 9 點擊下方的「Send me an Email」

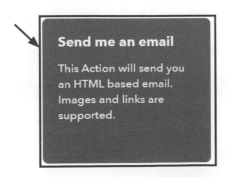

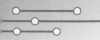

Step 10 到這邊，會出現下面的圖示，「Subject」是指信件的標題，「Body」
是指信件的內容，**EventName** 這個是呈現你當初的事件名稱，
OccurredAt 這個是呈現你當初的事件啟動時間，**Value1**、
Value2 和 **Value3** 則是系統允許你傳送的三個參數，你會發現
它們的背景都是灰色，這個可以透過 Add ingredient 來添加。

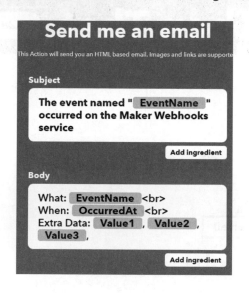

Step 11 將 Subject 修改成下面圖示，修改時，你可以看到有 {{ 和 }} 包裹著
EventName，請別刪除 {{ 和 }}

Step 12 將 Body 修改成下面圖示，因為我們下個活動會使用到

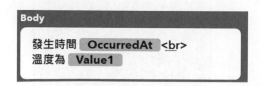

Step 13 確認沒有問題以後，點選「Create action」按鈕。

Step 14 這時，連 Then that 都變成了藍色後，點擊下面的「Continue」按鈕。

Step 15　之後會出現下面的確認，你可以把上面 Applet Title 內容改成中文。

Step 16　修改成下面的部分，然後按下「Finish」按鈕後，就整個設定完畢。

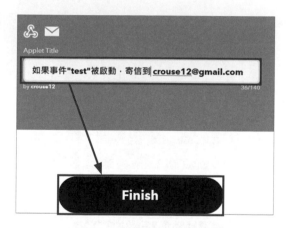

Step 17　確認沒問題以後，直接點擊「Back」跳出

Step 18 接著我們需要 IFTTT 的 webhook 金鑰才可以進行寄信，所以，我們
需要點選左上角的人頭圖案。

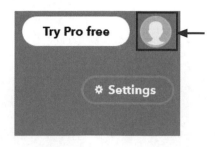

Step 19 點選後，便會出現一個選單，點選「My services」。

Step 20 在 My services 下方找到 Webhooks，並點選。

Step 21 點擊「Settings」。

Step 22 複製後面的金鑰。

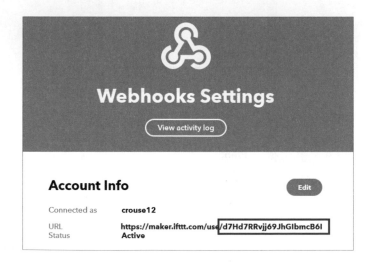

Step 23 接下來，我們來拉積木，先拉一個啟動與無限循環積木。

Step 24 拉一個連線 AP 積木跟連線 IFTTT 事件積木,並在參數一放入讀取溫
度積木後,填入 AP 帳號密碼以及 IFTTT 的事件名稱及金鑰,燒錄到
你的 PocketCard 上 (參數 2 和參數 3 沒用到可以不管)。

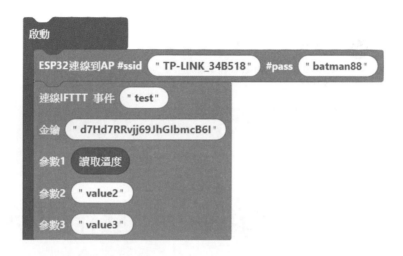

完整程式碼:

● **活動結果：**

開啟你自己的信箱，你會收到下面的信

6-2　將 ThingSpeak 當作資料庫

　　ThingSpeak 是由 MATLAB 提供的一個用於物聯網的免費服務，它除了可以提供你上傳跟下載你的資料外，還提供了美觀的圖表功能，將你的資料轉換成圖表，所以廣受物聯網玩家的愛好。申請方式也很簡單，經過幾個步驟後，就可以快速進入註冊好一個帳號使用，下面我們先來介紹怎樣進行註冊：

Step 1　請先登入 https://thingspeak.com/，並點擊右上角的人頭進行登入。

Step 2 點擊「Create one!」，進行註冊。

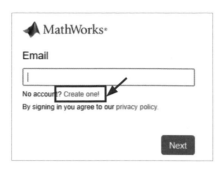

Step 3 將你的個人資料輸入後，點擊下方的「Continue」按鈕進行註冊。

Step 4 這邊直接在「Use this Email for my MathWorks Account」的地方打勾，並且按下「Continue」按鈕。

Step 5 很多人會在這邊做錯，以為直接按下「Continue」按鈕，但其實這個
畫面是叫你先去信箱去收註冊信件。

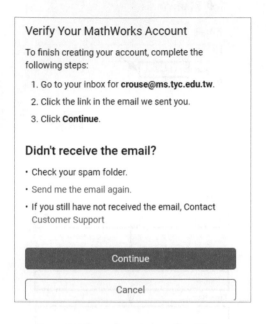

Step 6 到信箱去打開 ThingSpeak 的註冊信後，直接點選「Verify Email」按
鈕。

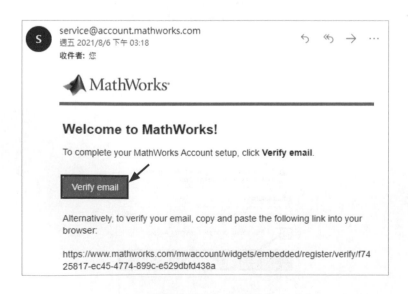

Step 7 選擇使用的網站，如果建議最好就不要修改了，直接用「Select United States web site」。

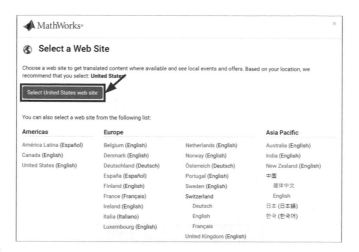

Step 8 按下後，它就會告訴你，你的個人資料已經驗證通過。

Step 9 這時才回到當初常犯錯的網頁，按下「Continue」按鈕。

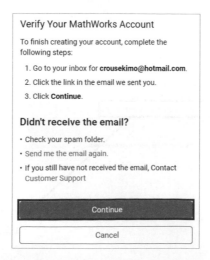

Step 10 接下來要你輸入密碼，記得最少要八個字元，而且有一個大寫的字元、一個是小寫的字元和一個數字，確定後你會看到有綠色的打勾後，在 I accept the Online Services Aggreement 上打勾，並且按下「Continue」的按鈕。

Step 11 最後點選了「OK」的按鈕後，註冊就完成了。

Step 12 選擇用途，這邊可以選「Teaching or research in school」。

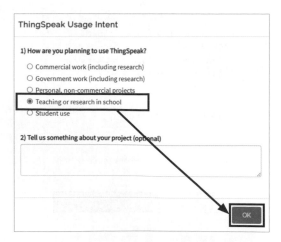

Step 13 這樣就可以直接使用 ThingSpeak

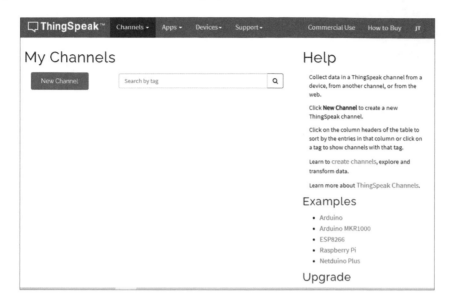

　　註冊完後，就可以使用 PocketCard 進行資料上傳動作，但在上傳前，我們得先建立一個 Channel 才行，下面讓我們先建立一個 Channel，這個會在下面的活動中一起展示。

活動一　上傳溫溼度到 ThingSpeak

● 活動說明

在本活動中，我們會先建立一個 Channel，並且展示如何上傳板子的溫度到 ThingSpeak 上，這裡我們雖然提供了兩個 Field，但是每次只傳送一個資料給欄位一。

● 新增積木

| ●●● Network | ThingSpeak | 寫入Thingspeak 論匙 " key " 欄位一 0 | 寫入一個欄位資料 |

● **活動流程**

Step 1　登入了 ThingSpeak 後，點選「New Channel」按鈕。

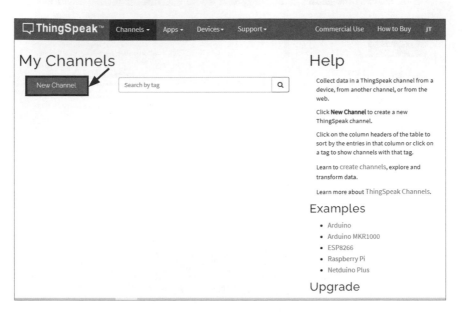

Step 2　進入到建立 channel 之後，我們首先看到上方，請在 name 上面輸入
bDesigner，Field 1 和 Field 2 打勾 (預設 Field 1 應該是已經打勾，
但還是請檢查一下)。

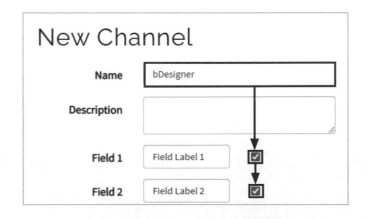

Step 3 輸入好後，請直接點選 Save Channel。

Step 4 點選完 Save Channel 以後，便會跳出下面的視窗，這時，Channel 就已經建立好了，可以傳送訊息進來儲存，上面有幾個地方要特別注意的，第一個是 Channel ID，這個在擷取資料時會用到，另一個是 channel 功能列，其中最主要的就是設定寫入 channel 的 API keys。

Step 5 在畫面下方還會產生兩個這樣的圖表，這是因為 thingspeak 會將你的資料繪製成曲線圖，透過曲線圖，你就可以觀看出資料的變化。

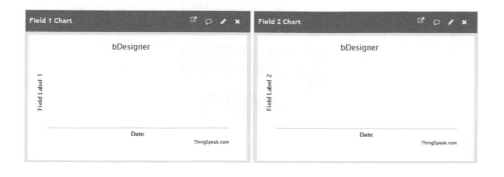

Step 6 點選 channel 功能列的 API keys。

Step 7 點選完後，找到 Write API Key，並把它複製下來。

Step 8 先拉一個啟動與無限循環積木。

Step 9 在啟動中加入連線到 AP 的積木,並加入 AP 帳號密碼。

Step 10 在無限循環中加入 thingspeak 傳送積木,並且將 Write API Key 填入,
最後加入 15 秒的等待,因為 thingspeak 寫入需要 15 秒才能再寫入
一次,最後燒錄到我們的 PocketCard 中。

完整程式碼:

```
啟動
  ESP32連線到AP #ssid  " TP-LINK_34B518 "  #pass  " batman88 "
無限循環
  寫入Thingspeak 鑰匙  " GHU6X387IRFPEIGT "  欄位一  讀取溫度
  延遲  15  秒
```

- **活動結果**

隨著時間的增加,資料一筆筆的進來!

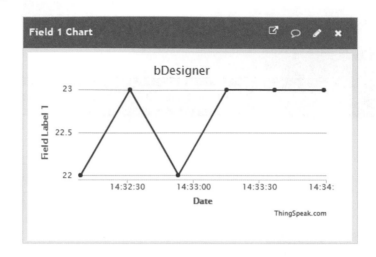

活動二　一次傳送多筆資料給 **ThingSpeak**(光感跟溫度)

● **活動說明：**

在這裡，我們一次上傳兩筆資料 (溫度跟光感) 給 thingspeak，透過本活動，你將可以學習到怎樣傳送多筆資料。

● **新增積木：**

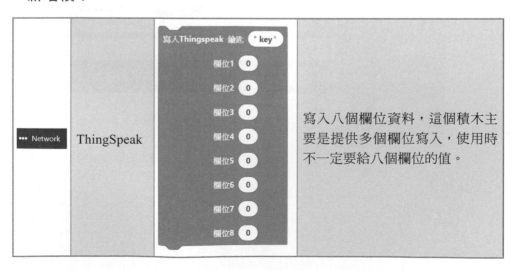

寫入八個欄位資料，這個積木主要是提供多個欄位寫入，使用時不一定要給八個欄位的值。

● 活動流程

Step 1 利用前面活動一的 Step7，找出 Write API key。

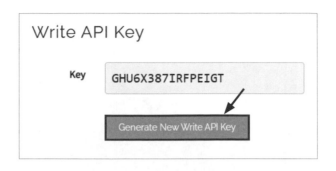

Step 2 先拉一個啟動與無限循環積木。

Step 3 在啟動中加入連線到 AP 的積木，並加入 AP 帳號密碼。

Step 4 在無限循環中加入寫入八個欄位的寫入積木，並且給個延遲 15 秒，
這邊要注意的是，你的 channel 設定只有 Field 1 和 Field 2，所以，
你即使送給 ThingSpeak 其他欄位的資料，都不會被儲存起來。

• 完整積木

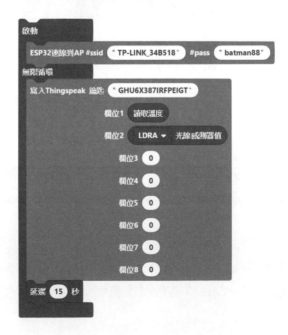

● 活動結果

因為上一個活動有送出資料，所以，這個活動的 Field2 的資料會比較少些。

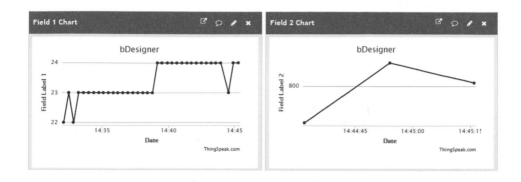

活動三 ┃ 下載溫溼度後顯示在 OLED 上

● 活動說明

在本活動中，我們會把已經建立的 channel 上的資料擷取下來，並且顯示在 OLED 上面，這邊要注意的是，因為 channel 擷取資料是以 JSON 的格式呈現，所以，積木只能一次接收一個 field 的一筆資料，另外資料如果是 private view 是不能夠讀取的，因此，你必須先將它設定為「Share channel view with everyone」。

● 新增積木

	ThingSpeak	讀取 Channel ID 的 Field 值，只能設定一個

- **活動流程**

Step 1 利用前面活動一的 Step 4，找到想要存入 channel 的 Channel ID，點選 Channel Settings。

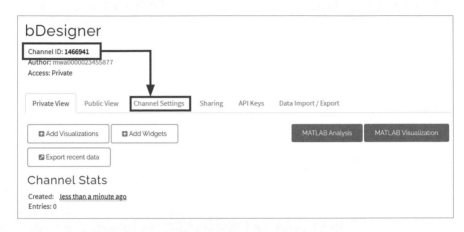

Step 2 勾選「Share channel view with everyone」。

Step 3 先拉一個啟動與無限循環積木。

Step 4 在啟動中加入連線到 AP 的積木，並加入 AP 帳號密碼。

Step 5 先將讀取 thingspeak 存到一個變數，這個要放入的是 Channel ID，資料是 field1。

Step 6 呈現在 OLED 上面時，就得變成字串。

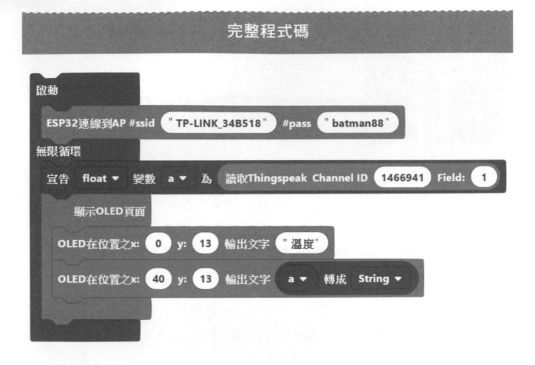

完整程式碼

啟動
ESP32連線到AP #ssid "TP-LINK_34B518" #pass "batman88"

無限循環
宣告 float ▼ 變數 a ▼ 為 讀取Thingspeak Channel ID 1466941 Field: 1

顯示OLED頁面

OLED在位置之x: 0 y: 13 輸出文字 "溫度"

OLED在位置之x: 40 y: 13 輸出文字 a ▼ 轉成 String ▼

● **活動結果**

結果會在 OLED 上面呈現從 ThingSpeak 上擷取下來的溫度

溫度 24.00

6-3 利用 Gmail 傳送電子郵件

簡單郵件傳輸協定（Simple Mail Transfer Protocol，簡稱：SMTP）是一個基於文字的傳輸通訊協定，它可以指定一則訊息由一個或是多個接收者所接收，這個通訊協定從八十年代早期開始被廣泛使用，直至今日。然而，隨著網際網路的逐漸發達，現在的電子郵件已經不再是只有死板板的文字訊息，而是可以

接受網頁的電子郵件，因此，你可以在電子郵件中放入圖片與網頁等物品，讓你的郵件看起來更加的生動活潑。

Gmail 則是 Google 公司於 2004 年 4 月 1 日提供的一個免費電子郵件服務，並且提供 1G 的儲存空間，這個在當時吸引了很多人的註冊，現今，這個儲存空間更被提升到了 15GB(跟 google 網路硬碟共用)。然而，用 PocketCard 是不能直接使用 Gmail 的帳號密碼來直接寄信，主要是因為現在的資安意識抬頭，Gmail 早就不能夠像早期一樣只用帳號密碼登入那麼簡單，而是搭配了手機進行二階段認證的方式使用，然而，Google 知道有時我們還是會需要使用帳號密碼讓其他的行動裝置可以幫忙寄信，因此，Google 也提出了所謂的「應用程式密碼」，一個 Gmail 帳號可以申請多組的「應用程式密碼」，而且可以任意新增跟移除，當你申請好後，就可以利用這個「應用程式密碼」代替你登入到 Gmail 信箱進行收發信件，當你發現到你的 Gmail 信箱被人盜用時，你可以很輕鬆的移除「應用程式密碼」後再重新建立一組來使用，下面我們將會進行「應用程式密碼申請」，在進行活動前期記得來讓你的 PocketCard 幫你寄信。

Step 1　登入你的 Google，登入成功後，右上角會有個圖示出現。

Step 2　點擊右上角個人圖示，這時會跳出一個視窗，點選視窗的管理你的
　　　　Google 帳戶。

Step 3　登入後，點擊左邊的安全性，便會出現安全性網頁。

Step 4 往下尋找，請找到登入 Google 選項的應用程式密碼，點擊就可以直接進入應用程式密碼設定網頁。

Step 5 每次設定應用程式密碼前，都會再詢問一次密碼，請輸入正確的密碼後點選「繼續」按鈕。

Step 6 點擊「選取應用程式」後，接著選擇「其他 (自訂名稱)」。

Step 7 在應用程式密碼的應用程式和裝置中填入 ESP32，然後點選「產生」按鈕。

Step 8　將系統產生的密碼記住。

有了這組密碼後，就可以用這組密碼來讓你的 ESP32 寄信。

活動一　利用 Gmail 寄信

● 活動說明：

本活動主要是透過 PocketCam 與 Gmail 連線，透過它寫封信給 Yahoo 的信箱，Gmail 信箱為 crouse12@gmail.com，奇摩信箱為 crousekimo@yahoo.com.tw，密碼為前面申請之密碼。

● 新增積木

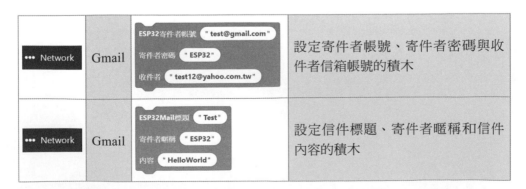

● **活動流程**

Step 1 先拉一個啟動與無限循環積木。

Step 2 在啟動中加入下面積木，其中要注意的是，寄件者密碼要填入前面申請的密碼。

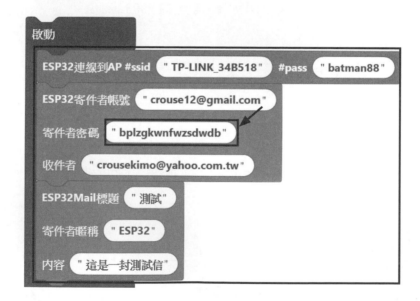

完整程式碼：

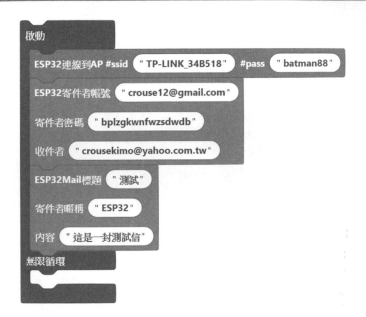

啟動

ESP32連線到AP #ssid " TP-LINK_34B518 " #pass " batman88 "

ESP32寄件者帳號 " crouse12@gmail.com "

寄件者密碼 " bplzgkwnfwzsdwdb "

收件者 " crousekimo@yahoo.com.tw "

ESP32Mail標題 " 測試 "

寄件者暱稱 " ESP32 "

內容 " 這是一封測試信 "

無限循環

- 活動結果

程式執行後，請登入到你的 yahoo 信箱，結果呈現如下

活動二　利用 Gmail 寄出感測結果

- 活動說明：

試想一下，如果你人不在家裡，但又想要知道家裡的一切狀態，又該如何做？
本活動透過電子郵件通知你目前板子的溫度，透過本活動，你將可以學習到如
何利用電子郵件做一個簡單的環境偵測。

6-39

• 活動流程

Step 1 先拉一個啟動與無限循環積木。

Step 2 在啟動中加入連到 AP 積木和寄件者與收件者積木，並填入相關資料。

啟動
ESP32連線到AP #ssid " TP-LINK_34B518 " #pass " batman88 "
ESP32寄件者帳號 " crouse12@gmail.com "
寄件者密碼 " bplzgkwnfwzsdwdb "
收件者 " crousekimo@yahoo.com.tw "

Step 3 在無限循環中加入下面的積木，讀取溫度積木最好先轉換成字串，再跟字串溫度結合在一起，最後燒錄到板子。

無限循環
ESP32Mail標題 " 家裡 "
寄件者暱稱 " ESP32 "
內容 字串組合 " 溫度： " 讀取溫度 轉成 String ▼ ⊖ ⊕
延遲 60 秒

完整程式碼：

• 活動結果

因為把寄信內容的積木放到了無限循環，並延遲 60 秒，因此會固定每一分鐘寄封信出來，這樣就可以定時將家中的狀況寄出來

活動三 利用 Gmail 寄網頁信

• 活動說明：

現在的電子郵件，已經可以收取網頁信件，因此，本活動透過 PocketCard 與 Gmail 連線，透過它將溫度跟光感值做成網頁，寄給 Yahoo 的信箱。

● 活動流程

Step 1　先拉一個啟動與無限循環積木。

Step 2　先組出活動一的積木。

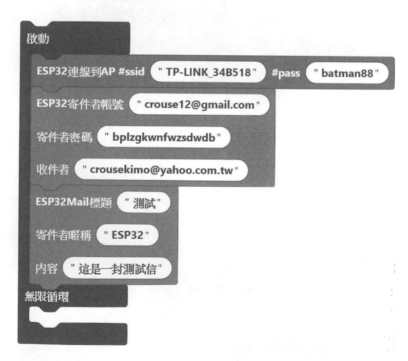

Step 3 在信件內容中放入呼叫網頁積木。

Step 4 拉一個網頁存放積木。

Step 5 在其中放入 HTML 相關積木,最後將程式燒到板子中。

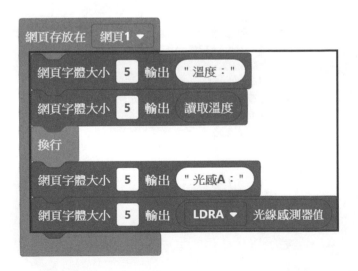

完整程式碼：

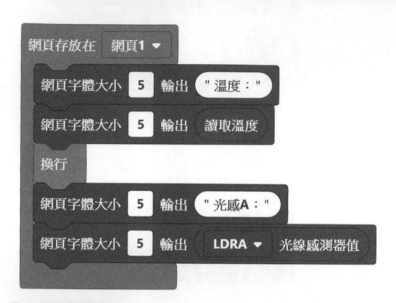

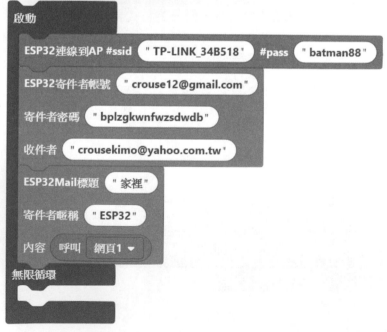

• 活動結果

在信件中，會出現溫度與光感訊息。

6-4 利用 Line Notify 傳送訊息

LINE 是在 2011 年六月由 Z Holdings Corporation 旗下 LINE 株式會社所開發並發表的 APP 即時通訊軟體，透過它，使用者可以利用手機與網際網路與其他使用者傳送訊息，之後還提供了購物等服務，已經成為了現代人生活中的一部分。

然而要用 PocketCard 這種 ESP32 開發板直接傳送訊息給 LINE 的使用者是不太可能的，但，我們還是可以透過一些第三方幫忙傳送訊息，例如 IFTTT 或是這個章節要介紹的 Line Notify 都可以發送訊息給 Line 的使用者，在使用之前，我們先介紹一下註冊流程：

Step 1 首先在瀏覽器上打上 https://Notify-bot.line.me/zh_TW/，就可以進
入 Line Notify 的網站，接著點選「登入」。

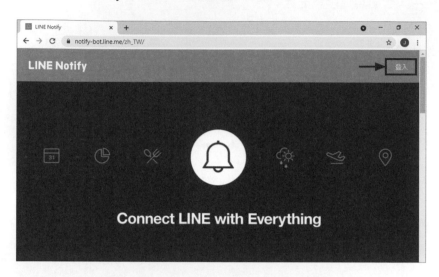

Step 2 跳到登入畫面後，請填入自己的 Line 帳號跟密碼。

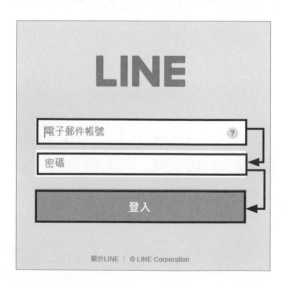

Step 3 這時會有用戶確認的視窗,請在指定的時間,快速打開手機上的 Line 進行確認,如果過時,可能要再重來一次。

Step 4 登入後,點選右上角,便可以進入個人控制視窗,這邊請接著點選個人頁面。

Step 5 點選發行權杖。

Step 6 為權杖選取名稱,以及點選哪個聊天室要接收訊息,我們這邊選擇透過 1 對 1 聊天接收 Line Notify 的通知。

Step 7 都確認後,點選下方的「發行」按鈕。

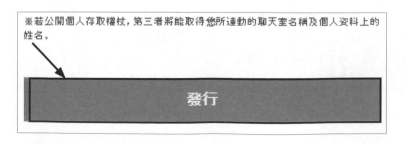

Step 8 將發行權杖記錄下來，如果遺失，那就重新申請一個吧！

Step 9 當關閉後，你就可以看到外面已連動的服務新增了一筆。

註冊好以後，下面就讓我們來使用 PocketCard 傳送訊息給指定的 Line 用戶吧！

活動一　傳送訊息給指定的 **LINE** 用戶。

● 活動說明：

這個活動將傳遞訊息給你的 LINE 用戶。

- 新增積木：

••• Network	Line Notify	啟動Line Notify 權杖: " token"	設定 Line 權杖,最好放在啟動的區域
••• Network	Line Notify	透過Line Notify傳訊息 " Message"	傳送文字訊息給 Line Notify

- 活動流程：

Step 1　首先拉出一個啟動與無限循環積木。

Step 2　在啟動中加入連線 AP 積木與啟動權杖積木,記得填入正確的權杖。

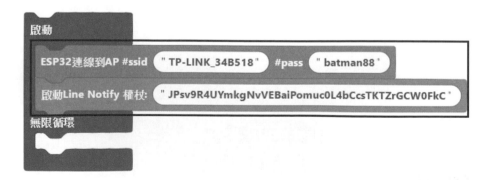

Step 3 在無線循環裡面加入傳送訊息積木，並等待 15 秒。

完整程式碼

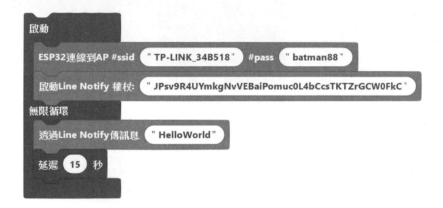

● **活動結果**

這時，HelloWorld 就會慢慢傳送進入。

活動二　傳送超連結給指定的 LINE 用戶。

- **活動說明：**

傳送一個超連結給 LINE 帳號，其實不用多餘的指令，只要在訊息上面打上網址即可。

- **活動流程：**

Step 1　首先拉出一個啟動與無限循環積木。

Step 2　在啟動中加入連線 AP 積木與啟動權杖積木，記得填入正確的權杖。

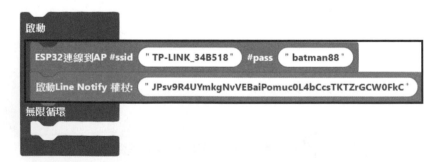

Step 3　如果超連結後面還要有文字訊息，請在中間加一個空白，組出下面的積木並燒錄。

完整程式碼：

● 活動結果

這時，傳送的訊息就會有超連結。

活動三　傳送圖片給指定的 **LINE** 用戶。

● **活動說明**：

傳送一個照片給指定的 Line 用戶

● **新增積木**：

● **活動流程**：

Step 1　在 google 搜索引擎上找免費圖片。

Step 2   找到這個 Pexels 網站。

https://www.pexels.com › zh-tw ▾

免費圖庫相片 · Pexels

可任意使用的免費圖庫相片。✓ 免費用於商業用途✓ 無需註明相片來源.
免費圖庫影片 · Pexels Videos · 發掘絕美相片Pexels · 攝影師排行榜 · 登入

Step 3   對著其中一張照片點選滑鼠右鍵，這時會出現一個小視窗，再點選小
         視窗的「複製圖片位址」。

Step 4   首先拉出一個啟動與無限循環積木。

Step 5　在啟動中加入連線 AP 積木與啟動權杖積木，記得填入正確的權杖。

Step 6　在無限循環中加入透過 Line Notify 傳送圖片的積木。

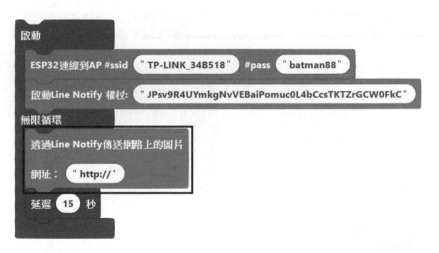

Step 7　在放入網址似乎超界了怎麼辦，不用擔心，拖曳下方的拉軸，即可回到原來的地方，拉回後，將程式燒錄到你的板子即可。

完整程式碼：

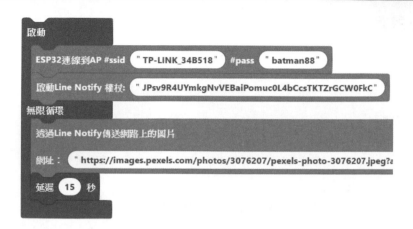

● **活動結果**

圖片傳送比較久，所以等待時間不宜過久。

活動四　傳送 QR Code 給指定的 LINE 用戶。

● **活動說明：**

這個活動透過一個 QR Code 產生網站，讓你可以傳送 QR Code 給指定的 LINE
用戶。

● **活動流程：**

Step 1　點擊主視窗的選單 -> 其他功能 -> 圖片 ->QR Code。

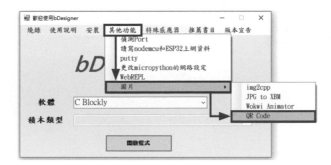

Step 2　這時會進入一個 QR Code 產生網站，在網址的地方填入 http://www.
kimo.com.tw，然後按下下面的「產生條碼」按鈕。

Step 3 滑鼠移到 QR Code 以後，按下滑鼠的右鍵，這時會跳出一個小視窗，點選小視窗的「複製影像連結」。

Step 4 首先拉出一個啟動與無限循環積木。

Step 5 在啟動中加入連線 AP 積木與啟動權杖積木，記得填入正確的權杖。

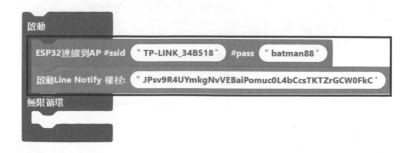

Step 6 在無限循環中加入透過 Line Notify 傳送圖片的積木。

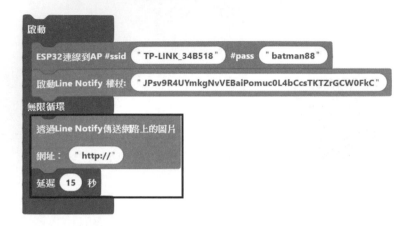

Step 7 加入網址後燒錄。

完整程式碼：

● **活動結果**

QR Code 就會顯示在你的 Line 上面。

━━━━━━━━━━━━━━━━━━━━━━━━━━━━
活動五 傳送貼圖給指定的 **LINE** 用戶。
━━━━━━━━━━━━━━━━━━━━━━━━━━━━

● **活動說明：**

這個活動利用貼圖積木把貼圖傳送給指定帳號。

● **新增積木：**

● **活動流程：**

Step 1　首先拉出一個啟動與無限循環積木。

Step 2 在啟動中加入連線 AP 積木與啟動權杖積木，記得填入正確的權杖。

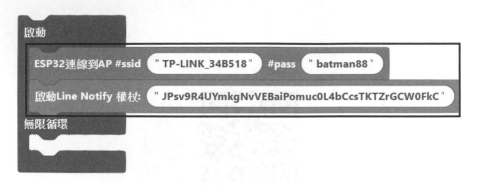

Step 3 在無限循環中加入貼圖積木後燒錄。

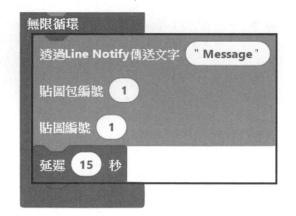

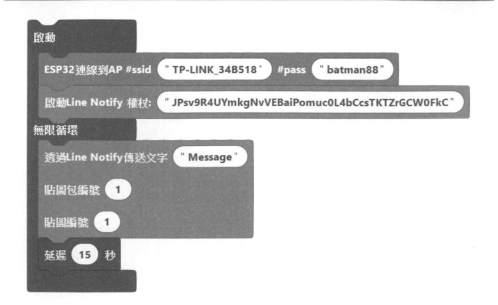

完整程式碼

啟動

ESP32連線到AP #ssid 「 TP-LINK_34B518 」 #pass 「 batman88 」

啟動Line Notify 權杖: 「 JPsv9R4UYmkgNvVEBaiPomuc0L4bCcsTKTZrGCW0FkC 」

無限循環

透過Line Notify傳送文字 「 Message 」

貼圖包編號 1

貼圖編號 1

延遲 15 秒

● 活動結果

你可以嘗試一下貼圖包編號跟貼圖編號，找到自己想要以及常用的貼圖。

6-5 NTP 網路時間

在不同的獨立系統中如果需要同步運作,就需要在每個系統中有一個精準的時間做基準,例如:整條路各自獨立的紅綠燈需要在某一個時段全部亮綠燈,以達到最佳通行效率,此時要達到精準的同步運作,各紅綠燈控制器就需要擁有相同的時間做基準,這時可利用 NTP 來讓所有獨立的紅綠燈控制器從網路提取精準的時間。

網路時間協定(英語:Network Time Protocol,縮寫:NTP)是由「中華電信研究所時間與頻率國家標準實驗室」提供網路上可使用的時間信號,可使提取的時間信號之時刻與國家標準同步在 0.02-0.1 秒之內(視網路連線狀況而定)。

活動一 顯示網路時間

● **活動說明:**

本活動主要是透過 PocketCard 連線無線基地台 (AP),提取網路時間並在 OLED 上顯示當時之日期及時間。

● **新增積木**

●●● Network	NTP	NTP網路時間起始	NTP 初始設定
●●● Network	NTP	NTP網路時間取得	連線至 NTP 伺服器,提取時間戳。
●●● Network	NTP	取得 Year ▾	從時間戳中提取年、月、日、時、分、秒資料。

● **活動流程**

Step 1   將 PocketCard 連線無線基地台 (AP)，需輸入正確無線基地台的 SSID
與密碼。

Step 2   使用「NTP 網路時間起始」積木，做網路時間協定初始化設定。

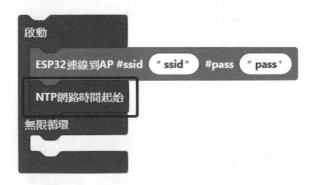

Step 3   程式中需重複執行「NTP 網路時間取得」積木，以便隨時更新時間，
與網路時間同步。

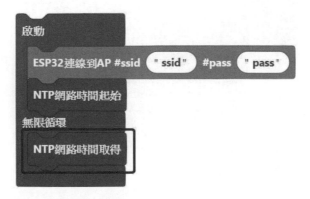

Step 4 在「顯示 OLED 頁面」積木中,使用「字串組合」積木,將「年」、「月」、「日」中間使用「-」符號,一起顯示在 OLED 上。

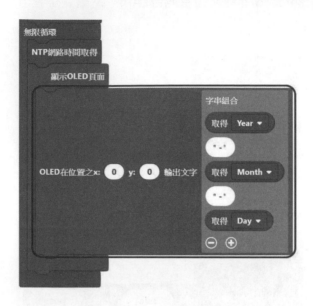

Step 5 再使用另一個「字串組合」積木,將「時」、「分」、「秒」中間使用「:」符號,一起顯示在 OLED 上。

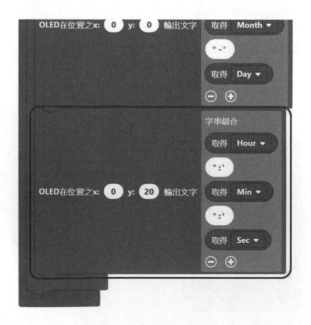

完整程式碼

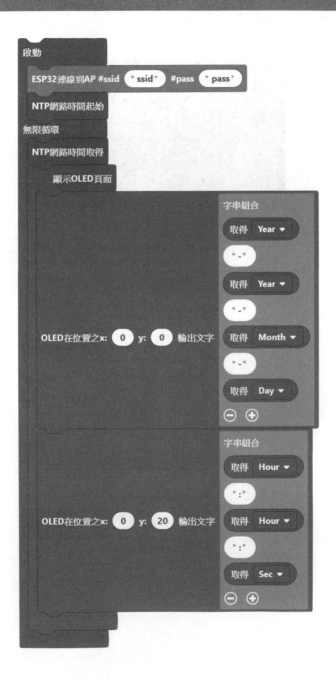

● **活動結果**

程式執行後，OLED 呈現如下：

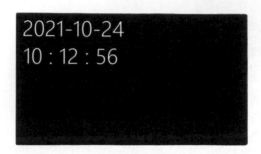

活動二　數位 + 指針時鐘

● **活動說明：**

本活動使用 bDesigner 內建的指針式時鐘積木，再加上在 OLED 左上顯示時、分；右下顯示秒的數位時鐘，融合成為數位 + 指針時鐘。

● **活動流程**

Step 1　將 PocketCard 連線無線基地台 (AP)，需輸入正確無線基地台的 SSID 與密碼。

Step 2 使用「NTP 網路時間起始」積木，做網路時間協定初始化設定。

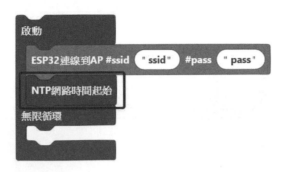

Step 3 程式中需重複執行「NTP 網路時間取得」積木，以便隨時更新時間，
與網路時間同步。

Step 4 在「顯示 OLED 頁面」積木中，使用「NTP 網路時間顯示在 OLED」
積木，將「指針式時鐘」顯示在 OLED 中間。注意：此積木必需放在「顯
示 OLED 頁面」積木內。

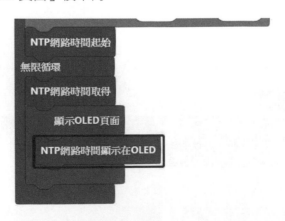

Step 5 使用「字串組合」積木,將「時」、「分」中間使用「:」符號,一起
顯示在 OLED 左上。

Step 6 將「秒」一起顯示在 OLED 右下角。

完整程式碼

• 活動結果

OLED 中間顯示指針式時鐘和日期，左上顯示時、分；右下顯示秒。

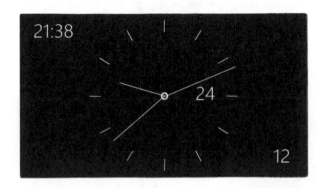

活動三　無聲鬧鈴

• 活動說明

本活動主要是提取網路時間後比對預設的鬧鈴時間，並在 OLED 上顯示當前之時間及預設的無聲鬧鈴時間，當無聲鬧鈴時間到時 PocketCard 板載 RGB LED 發出紅色及藍色交互閃光，直到按下「按鈕 A」。

• 活動流程

Step 1　建立並宣告「H」、「M」兩個變數並給予預設數值，分別為鬧鐘定時的「時」和「分」。

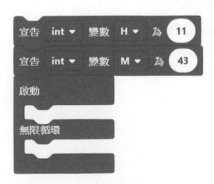

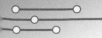
Step 2　將 PocketCard 連線無線基地台 (AP)，需輸入正確無線基地台的 SSID
與密碼。

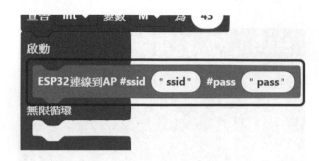

Step 3　使用「NTP 網路時間起始」積木，做網路時間協定初始化設定。

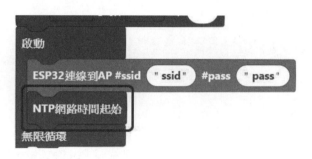

Step 4　程式中需重複執行「NTP 網路時間取得」積木，以便隨時更新時間，
與網路時間同步。

Step 5 在「顯示 OLED 頁面」積木中，使用「字串組合」積木，將當前時間的「時」、「分」顯示在 OLED 上排。

Step 6 使用另一個「字串組合」積木，將預設鬧鐘時間的「時」、「分」顯示在 OLED 下排。

Step 7 判斷當前時間的「時」與鬧鐘時間的「時」是否相同，如果相同再次判斷當前時間的「分」與鬧鐘時間的「分」是否相同，如果兩條件任一條件不相等，則繼續執行下一次無限循環內的程式積木。

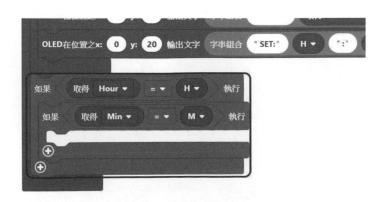

Step 8   如果兩條件都相等,代表鬧鐘時間已到,啟動無聲鬧鐘,讓板載 RGB
          LED 每隔 0.1 秒紅、藍交互閃爍,直到按下板載按鈕「A」,將鬧鐘
          時間的「分」改為「-1」,RGB LED 才停止閃爍。

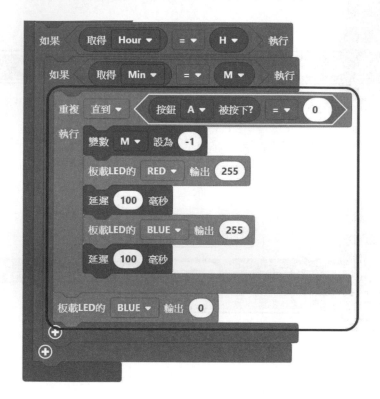

完整程式碼

宣告 int ▼ 變數 H ▼ 為 11

宣告 int ▼ 變數 M ▼ 為 43

啟動

ESP32連線到AP #ssid " ssid " #pass " pass"

NTP網路時間起始

無限循環

NTP網路時間取得

顯示OLED頁面

OLED在位置之x: 0 y: 0 輸出文字 字串組合 " NOW:" 取得 Hour ▼ " :" 取得 Min ▼ ⊖ ⊕

OLED在位置之x: 0 y: 20 輸出文字 字串組合 " SET:" H ▼ " :" M ▼ ⊖ ⊕

如果 取得 Hour ▼ = ▼ H ▼ 執行

如果 取得 Min ▼ = ▼ M ▼ 執行

重複 直到 ▼ 按鈕 A ▼ 被按下? = ▼ 0

執行 變數 M ▼ 設為 -1

板載LED的 RED ▼ 輸出 255

延遲 100 毫秒

板載LED的 BLUE ▼ 輸出 255

延遲 100 毫秒

板載LED的 BLUE ▼ 輸出 0

⊕

⊕

● 活動結果

程式執行後，OLED 呈現如下，當設定時間 (SET) 與當下時間 (NOW) 相同時，板載 RGB LED 發出紅色及藍色交互閃光，直到按下「按鈕 A」。

```
NOW: 11 : 39
SET: 11 : 43
```

Part 7

PocketCam 的使用

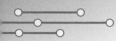

7-1 ESP32CAM 的標準網頁使用

PocketCam 是 PocketCard 的一種 Camera 擴充板，它可以直接加裝在 PocketCard 上面，這時，PocketCard 就搖身一變，變成具有 Camera 的功能，它的使用，其實跟 ESP32CAM 是一樣的，但是 ESP32CAM 使用上比較複雜，僅只有幾個人可以使用，尤其是搭配 AI 人工智慧，更是難上加難，國內也只有少數幾個人可以操控這個 ESP32CAM，然而在 bDesigner 中，我們將其改成了積木的使用，只要拉拉積木，你就可以進行它的控制，十分方便！

不過，這邊有一點要特別注意的是，如果使用了 camera，PocketCam 上面的腳位大部分都沒有功用，這是因為 Camera 使用的腳位很多，以板載來說，板載的感測器 溫度、光敏 A、光敏 B 可以使用，但 按鈕 A 不能使用，蜂鳴器 和 按鈕 B 也必須拿一個給 Camera 使用，所以使用指撥開關來做選擇，預設是把 按鈕 B 給 Camera 腳位使用，保留 蜂鳴器 功能。以腳位來說，大概只剩下 I2C 可以使用，所以我個人建議，如果視訊完要額外控制硬體，最好使用 PCA9685，這個請看前面 PCA9685 的介紹。

下面的活動，筆者將會介紹 PocketCam 如何燒錄 ESP32CAM 的標準網頁，要燒錄 PocketCam 的方式跟其他的不太一樣，下面我們會介紹如何燒錄 PocketCam 的程式，之後的章節，都照著同樣的方式燒錄即可。PocketCam 燒錄方式如下：

Step 1 點選上方選單的上傳 -> 一鍵燒錄

Step 2 一開始會跳出選擇 COM Port 的小視窗,請選擇正確的 COM Port 後,
按下「OK」按鈕。

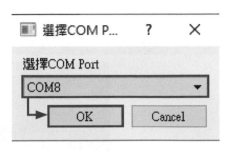

Step 3 接著會詢問板子是哪一個種類,請選擇 PocketCam。

Step 4 跳出黑色視窗進行燒錄,燒錄完畢後,就可以使用 PocketCam 的功
能了。

此外，下面這個積木要特別注意，它放置在 Camera 的攝影下，有很多不同的選項，用來切換不同的使用影像使用模式。

從圖片中，你可以發現，它除了標準以外，還有小車、小車和夾子、機器手臂、MobileNet、PoseNet(ml5)、PoseNet(tfjs)、HandPose(tfjs) 以及外部引用這幾種，這個章節以後，會陸陸續續介紹這些模式的使用，MobileNet、PoseNet和 HandPose 這幾個會在下個章節介紹，這幾個屬於透過瀏覽器做人工智慧的章節。

活動一 **PocketCam 如何使用 ESP32CAM 的標準網頁**

● **活動說明：**

下面活動先展示怎樣顯示與使用 ESP32CAM 的標準網頁。

● **新增積木**

● **活動流程**

Step 1　首先拉出一個啟動與無限循環積木。

Step 2　通常 ESP32CAM 除了 QR Code 以外，大部分都是要接網路的，所以，
　　　　先在啟動中加入一個連線到 AP 的積木。

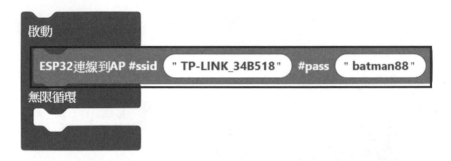

Step 3　接著加入啟動 PocketCam 攝影積木。

Step 4　為方便知道 IP 位址，你可以加入 OLED 積木，用以顯示連線上的 IP
位址，接著將程式燒錄到板子，記得板子類型要選擇 PocketCam。

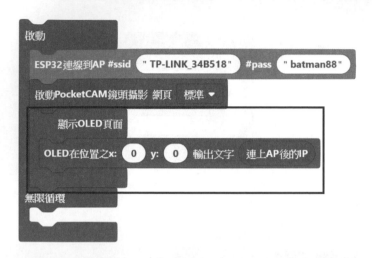

• **完整積木**

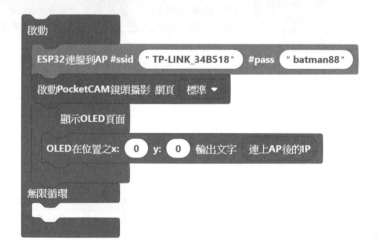

• **活動結果**

ESP32CAM 的標準網頁有很多的使用方式，下面我們先展示最簡單瀏覽器開啟
網頁介面。

Step 1 打開瀏覽器，在瀏覽器上鍵入你的 IP 位置就可以看到下面的畫面，這是
ESP32CAM 的標準視窗，我們可以用這個標準視窗做簡單的影像控制。

STEP2 點選左邊選單最下方中間的「Start Stream」按鈕，就可以打開視訊。

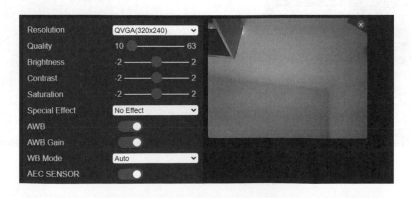

Step 3 按下後，視訊就會出現。

下面我們介紹幾個常見的功能：

1. 修改影像大小

Step 1   首先看一下 Resolution 這個選單，這裡負責控制影像的大小，點選它
後，就可以知道有那些影像大小可以使用。

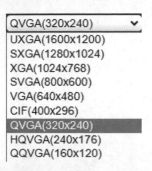

Step 2   選擇一下 VGA(640X480)。

Step 3   這時，你會發現右邊的影像視窗變大了！

2. 人臉偵測

PocketCam 可以在板子上面直接進行人臉偵測，進行人臉偵測很簡單，下面我們進行人臉偵測教學：

Step 1 進行人臉偵測很簡單，只要下面這個選項是開啟的，就可以進行偵測。

Step 2 但進行人臉偵測時要注意的是影像的大小，如果過大，會顯示下面的警告視窗，這個警告視窗就是告知你，影像太大，請你調小。

Step 3 調整影像大小。

Step 4 調整完大小後，再重新開啟人臉偵測。

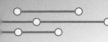

Step 5   人臉偵測就會出現，辨識成功後，就會在人臉上畫上黃色的框。

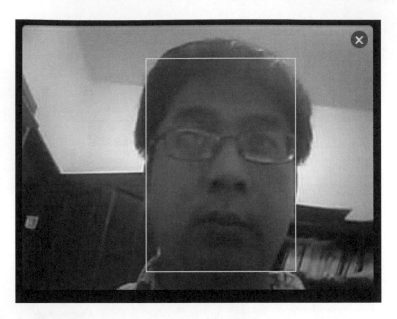

這樣是不是很簡單呢？

3. 只輸出串流

PocketCam 輸出的是 MJPEG 串流，這個串流可以供給很多不同的軟體或是程式語言使用，當這些軟體或是程式語言讀到以後，便可以利用這個影像進行人工智慧辨識等功能，下面我們展示如何用瀏覽器顯示這個 MJPEG 影像。

Step 1   打開瀏覽器，在上面輸入你的 IP 位置後面加上 :81/stream，以筆者的 PocketCam 來說，輸入 192.168.0.102:81/stream 即可。

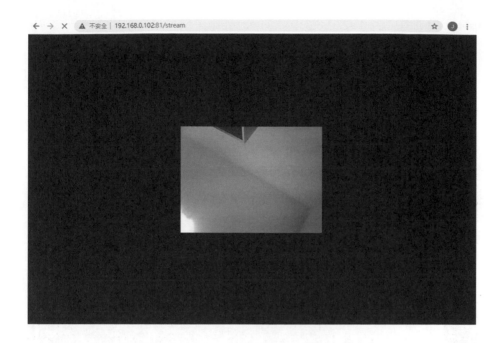

Step 2 如果你覺得影像有點小，這時，你得切回原來 PocketCam 的標準網頁。

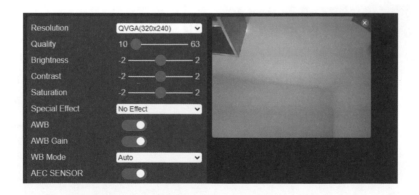

Step 3 修改 Resolution 這個選單，將它改成 XGA(1024X768)。

Step 4 重新進入到 192.168.0.102:81/stream，就可以發現影像變大了。

7-2 利用積木控制畫面

前面提到，除了用 PocketCam 的 ESP32 標準網頁可以控制 MJPEG Stream 的
影像輸出外，其實我們還可以透過積木的方式直接控制 MJPEG 的畫面輸出，
下面，筆者會透過一些活動範例教各位，如何利用積木控制 PocketCam 的影像
輸出。

活動一 控制影像大小。

• **活動說明：**

這個活動將會直接讓顯示的影像變大。

- 新增積木

- 活動流程

Step 1 　組出前面 7-1 活動一的積木。

Step 2 　在啟動 PocketCam 鏡頭攝影下面加入設定影像大小積木，然後燒錄
到板子上，記得板子類型要選擇 PocketCam。

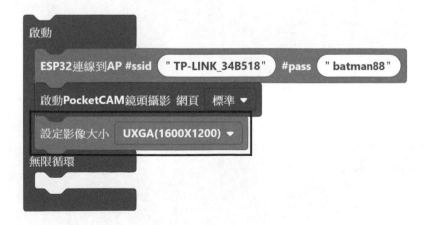

完整程式碼

啟動

ESP32連線到AP #ssid " TP-LINK_34B518 " #pass " batman88 "

啟動**PocketCAM**鏡頭攝影 網頁 標準 ▼

設定影像大小 UXGA(1600X1200) ▼

無限循環

● 活動結果

假設 PocketCard 取得的 IP 位置為 192.168.0.102，在瀏覽器上輸入
http://192.168.0.102，你會發現在影像大小的地方發生改變

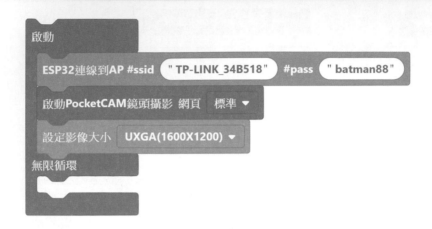

接著在瀏覽器上輸入 http://192.168.0.102:81/stream，你會發現，整個視訊都比原來的大了！

活動二　控制影像品質。

● 活動說明

這個活動說明如何加入控制影像的品質的控制，這邊要注意的是，影像品質從 10~63，63 代表最差，10 代表最好，下面活動將會給你看到兩個影像的結果。

● 新增積木

●●● CAMERA	影像控制	設定影像品質(10~63) 10	控制影像品質

● 活動流程

Step 1 組出前面 7-1 活動一的積木。

Step 2 加入設定影像品質的積木,並燒錄到板子上,記得板子類型要選擇
PocketCam。

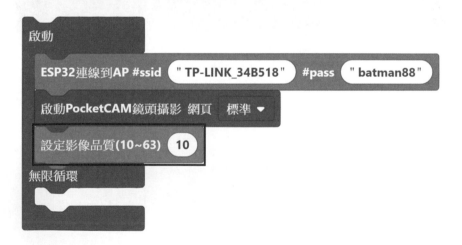

完整程式碼：

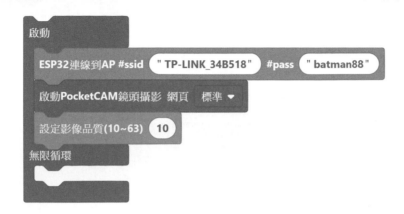

- **活動結果**

假設 PocketCard 取得的 IP 位置為 192.168.0.102，在瀏覽器上輸入 http://192.168.0.102:81/stream，接著，你可以將影像品質從 10 調成 63 看看，下面是兩個品質的影像。

品質為 10 的影像   品質為 63 的影像

活動三　讓影像左右顛倒。

● 活動說明

除了可以控制影像大小跟品質外，還可以讓影像進行左右顛倒。

● 新增積木

●●● CAMERA	影像控制	設定影像左右顛倒(0~1) 0	讓影像左右顛倒

● 活動流程

Step 1 　組出前面 7-1 活動一的積木。

Step 2 　在啟動 PocketCam 鏡頭攝影積木下面加入影像左右顛倒積木，接著將程式碼燒錄到板子，記得板子類型要選擇 PocketCam。

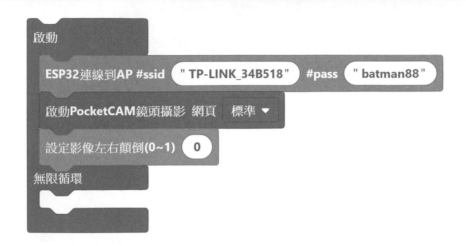

完整程式碼

• 活動結果

之後，將左右顛倒的值，從 0 改成 1，你會發現，兩個影像成左右顛倒的狀態。

設定為 0	設定為 1

這邊你會發現，其實如果沒有修改的情況下，預設是用 0，也就是沒有左右顛倒的情況下顯示影像，而這樣反而是顛倒的，為什麼，因為根據鏡像原理，本來拍攝出來的影像就是左右相反，所以如果想要正常顯示，其實應該要加入這個積木或是用其他的控制手法將他轉正。

7-3 讀取 QR Code

前面章節已經示範如何顯示 QR Code 在 PocketCard 的 OLED 螢幕上面，下面筆者將會展示如何利用 PocketCam 這個擴充板讀取 QR Code，這個功能十分有用，我們可以透過讀取 QR Code，再根據 QR Code 的資料，進行不同的硬體控制，舉個一個例子，我們可以將這個 QR Code 讀取系統放在門口，只有讀到特定密碼做成的 QR Code 才能做開關門的動作。

掃描 QR Code 在使用時，沒有用瀏覽器觀看影像，所以，記得 QR Code 必須調大，辨識效果才會好。

活動一 QR Code 讀取

• **活動說明**

這個活動將會讓你的 PocketCam 掃描 QR Code 影像。

• **新增積木**

••• CAMERA	拍照	讀取QR Code執行在 0 ▾	讀取 QR Code，因為 PocketCam 有兩個核心，可以選擇哪個核心執行
••• 基本	Serial	輸出帶有換行序列數據 "Hello"	可以輸出帶有換行的訊息給序列埠，讓電腦可以接收

• **活動流程：**

Step 1 點擊主視窗的選單 -> 其他功能 -> 圖片 ->QR Code。

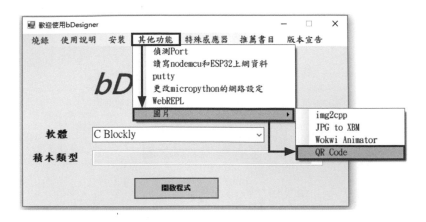

Step 2 這時會進入一個 QR Code 產生網站，進入之後第一件事情，先調大 QR Code。

Step 3 在網址的地方填入 http://www.kimo.com.tw，然後按下下面的「產生條碼」按鈕。

Step 4　先拉一個啟動與無限循環積木。

Step 5　先將 QR Code 積木用一個變數存起來。

Step 6　將變數顯示在序列埠上，接著將程式碼燒錄到板子，記得板子類型要選擇 PocketCam。

完整程式碼

• 活動結果

Step 1　點擊視窗上面選單的「其他功能」->「序列監視器」。

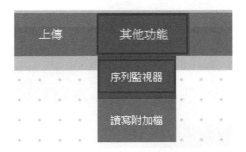

Step 2　開啟序列監視器。

拿著你的 PocketCam，將鏡頭對準 QR Code，這時，你就可以讀取 QR Code 了。

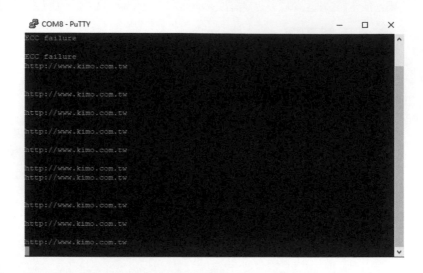

7-4 利用 Line Notify 和 Gamil 傳送 PocketCam 照片

PocketCam 除了攝影以外，還可以進行拍照，但因為本身沒有 SD 模組，所以影像必須要存放在 SPIFFS 中或是透過某些通訊協定傳送出去，在本章節中，筆者利用了 PocketCam 的拍照功能，並且搭配了前面介紹的幾個通訊服務，將影像傳送出去。在使用上，可以搭配凱斯電子最新的 KSB060 IO 擴充板，這塊擴充板上可以加裝 14500 鋰電池。

活動一 拍照並用 GMail 傳送

● 活動說明

本活動會先利用 PocketCam 拍照後，再用 Gmail 傳送拍照的圖片，設定 Gmail 的方式，請參考前面的章節。

• 新增積木

••• CAMERA	拍照	啟動PocketCAM鏡頭	啟動 PocketCam 鏡頭，準備拍照
••• CAMERA	拍照	使用PocketCAM鏡頭拍照	使用 PocketCam 鏡頭拍照
••• CAMERA	拍照	將拍照圖片寫入SPIFFS "/photo.jpg"	拍照後，將圖片存放到 SPIFFS 中
••• CAMERA	拍照	關閉PocketCAM拍照鏡頭	關閉拍照鏡頭
••• Network	Gmail	ESP32Mail標題 "Test" 寄件者暱稱 "ESP32" 內容 "HelloWorld" SPIFFS附件 "/photo.jpg"	透過 Gmail 傳送訊息跟圖片，圖片得先存在 SPIFFS 裡面

• 活動流程

這邊積木比較多些，所以詳細介紹。

Step 1 先拉一個啟動與無線循環積木。

Step 2   在啟動的地方接上下面的積木，這邊要注意的是，「寄件者密碼」得
         是應用程式密碼，這部分你可以參考前面的 Gmail 章節。

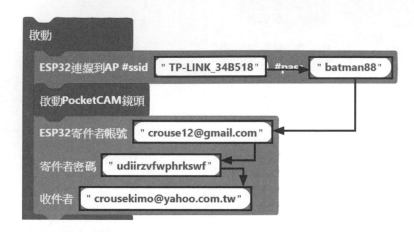

Step 3   接下來在無限循環的地方接上下面的積木，你可以調整標題、暱稱、
         信件內容，這邊要注意的是「將圖片寫入 SPIFFS」的圖片位址要跟
         「SPIFFS 附件」的位址是一樣的，接好後燒錄到你的 PocketCam 上，
         記得板子類型要選擇 PocketCam。

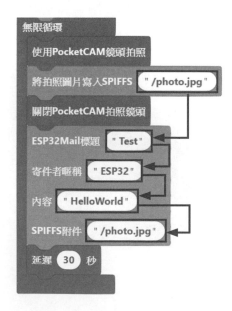

完整程式碼

● **活動結果**

接下來觀看你的信箱，你會看到有下面訊息進入。

活動二 拍照並用 Line Notify 傳送

- **活動說明**

本活動會先利用 PocketCam 拍照後,再用 Line Notify 傳送拍照的圖片,設定 Line Notify 權杖請參考前面的章節。

- **新增積木**

		透過Line Notify傳pocketcam圖片 訊息 " Message " SPIFFS檔案 " /photo.jpg "	透過 Line Notify 傳送訊息跟圖片,記得,圖片得先存在 SPIFFS 記憶體內。
••• Network	Line Notify		

- **活動流程**

這邊積木比較多些,所以詳細介紹。

Step 1 先拉一個啟動與無線循環積木。

Step 2 在「啟動」的地方接上下面的積木後,填入 AP 的 SSID 和 PASS,並且填入 Line Notify 權杖。

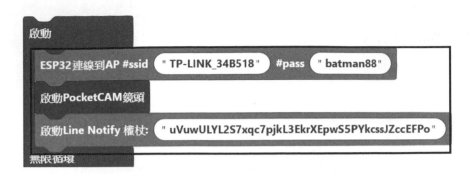

Step 3　在「無限循環」的地方接上下面的積木，這邊要特別注意的是，是「將圖片寫入 SPIFFS」的圖片位址要跟「透過 Line Notify 傳 PocketCam 圖片」的 SPIFFS 圖片位址是一樣的才行，最好就不要修改，接好後燒錄到你的 PocketCam 上，記得板子類型要選擇 PocketCam。

完整程式碼

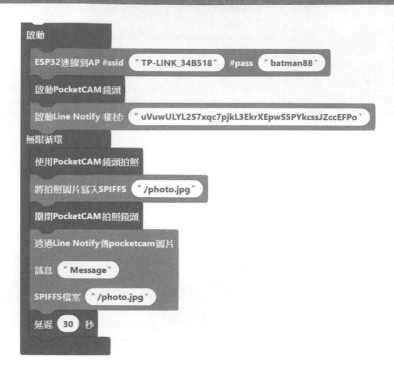

啟動

ESP32連線到AP #ssid 「TP-LINK_34B518」 #pass 「batman88」

啟動PocketCAM鏡頭

啟動Line Notify 權枝: 「uVuwULYL2S7xqc7pjkL3EkrXEpwS5PYkcssJZccEFPo」

無限循環

使用PocketCAM鏡頭拍照

將拍照圖片寫入SPIFFS 「/photo.jpg」

關閉PocketCAM拍照鏡頭

透過Line Notify傳pocketcam圖片

訊息 「Message」

SPIFFS檔案 「/photo.jpg」

延遲 30 秒

• 活動結果

程式執行後，便開始一直傳送拍攝的照片

Part 8

PocketCam
進階人工智慧

8-1 ESP32Cam 內建人臉偵測

PocketCam 因為板子具有 WiFi，可以做 MJPEG Stream 服務，所以比起其他的人工智慧晶片來說，PocketCam 有兩種不同的人工智慧產生方式，第一種就是將影像傳送給遠端的電腦可以運用的層面更廣，讓遠端的電腦進行人工智慧辨識，這種方式，是非常具有彈性的，因為它可以讓你的電腦利用像是 Python 或是 JavaScript 的高階程式語言進行人工智慧辨識，在後面的章節，會教各位如何利用 PocketCam 透過 JavaScript 進行各種人工智慧辨識以及控制。第二種是在硬體上直接進行人工智慧辨識，這也是這類型晶片中最常見的人工智慧產生方式，但因為 PocketCam 的晶片運算能力較小，僅能夠在解析度比較小的影像中做人工智慧，而且功能也比較有限，最多就是簡單的人臉偵測跟人臉辨識等功能，國外很多工程師進行大幅度的改造，但使用功能還是有限，而在這個內建人臉偵測的章節，用的就是第二種在硬體上直接進行人工智慧的方式，這個內建的人臉控制，可以回傳偵測到的人臉在畫面中的具體位置以及是否偵測到。

活動一 偵測到人臉後，顯示位置。

• 活動說明

進行 PocketCam 人臉偵測，如果偵測到人臉，將會在 OLED 上面顯示出人臉的 X 軸和 Y 軸位置。

• 新增積木

••• CAMERA	攝影	開啟人臉偵測	開啟人臉偵測的功能
••• CAMERA	攝影	偵測到人臉後	當有人臉被偵測到時，要做甚麼事情

CAMERA	攝影	偵測到的人臉**X**軸	回傳人臉的 X 軸
CAMERA	攝影	偵測到的人臉**Y**軸	回傳人臉的 Y 軸

● **活動流程**

Step 1　先拉一個啟動與無限循環積木。

Step 2　在啟動中加入連線到 AP 積木、啟動 PocketCam 鏡頭攝影積木以及開啟人臉偵測積木

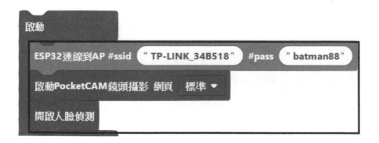

Step 3　在無限循環中先加入偵測到人臉後積木。

Step 4 在偵測到人臉後積木中加入 OLED 顯示,並將偵測到人臉的 X 軸和 Y 軸放入,並燒錄到你的 PocketCam 上面,記得板子類型要選擇 PocketCam。

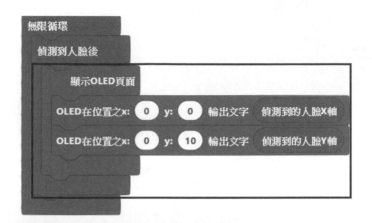

完整程式碼

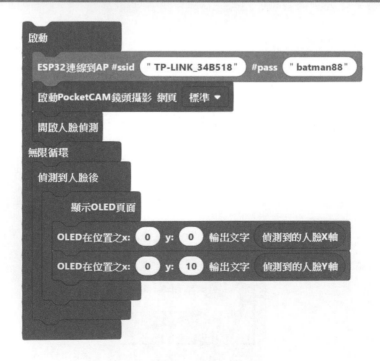

● 活動結果

燒錄完後，你或許天真的以為，只要拿起 PocketCam 對著人臉就可以看到結果，但因為 PocketCam 採用的是 ESP32 的晶片，如果你真的想要看到人臉的偵測結果，你必須要搭配瀏覽器使用。因此，我們還得進行下面的步驟。

Step 1　打開瀏覽器，鍵入 http:// 你的 IP:81/stream，以本書操作時，所使用的 PocketCam 的 IP 為 192.168.0.102 為例子來說，因此，請在瀏覽器上鍵入 http://192.168.0.102:81/stream

Step 2　拿起 PocketCam 對準自己，邊看瀏覽器，當瀏覽器有黃色的框出現。

Step 3　PocketCam 的 OLED 螢幕，便可以看到 OLED 上面呈現了偵測到人臉的 X 軸和 Y 軸資料。

或許你會問，我可不可以搭配下面的影像大小積木一起使用

答案是可以，但這邊要注意的是，PocketCam 採用的是 ESP32CAM 的晶片，因此，就算你把影像調大，受限於晶片本身的計算能力，對於人臉的偵測，只能夠在 QVGA(320X240) 以下可以順利執行，其他的，都會因為影像過大而無法偵測，利用晶片的人工智慧不是 PocketCam 的強項，但透過 WIFI 影像後，利用其他的程式語言進行人工智慧，卻可以很順利的進行。

8-2 利用 Google Teachable Machine 做口罩辨識

8-1 演示的是如何用 PocketCam 上的 ESP32 晶片進行人工智慧，現在我們展示的是如何利用 Google Teachable Machine 進行人工智慧辨識，Google Teachable Machine 是 Google 提供的一個網頁服務，在使用者不需要具備任何專業的人工智慧技術的情況下，不用任何程式碼就可以操作以及使用影像辨識，它的網址如下：https://teachablemachine.withgoogle.com/，下面活動中，活動中，我們會利用這個網站幫我們訓練 model，之後再用訓練好的 model 來進行辨識。

活動一　辨識是否有戴口罩

● 活動說明：

這個活動，我們會先利用 Google Teachable Machine 訓練一個是否有戴口罩的 model，接著用這個 model 來讓 PocketCam 辨識，是否有戴口罩。

● 新增積木

	攝影	這個積木，可以匯入 Google Teachable Machine 的 Model，進行人工智慧辨識

- **活動流程**

Step 1　進到 Google Teachable Machine 網站以後，先點選「Get Started」按鈕。

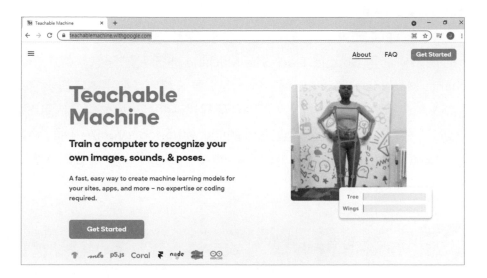

Step 2　按下按鈕後，會進入到三個選項，挑選最左邊的「Image Project」。

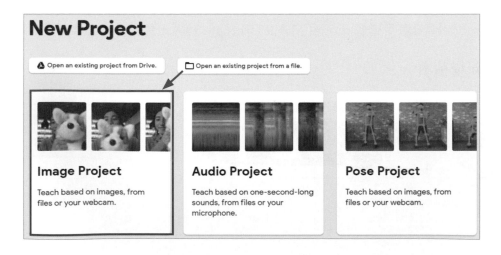

Step 3 挑選「Standard image model」。

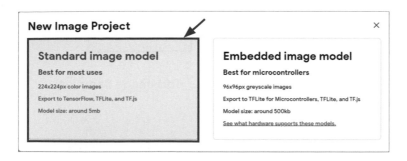

Step 4 進入後,便可以看到下面的畫面,進行訓練。

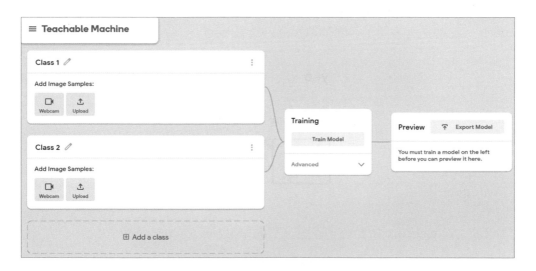

Step 5 修改 Class 1,改成 yes(因為資料回傳會經過網路,目前回傳中文會是亂碼,所以請用英文)

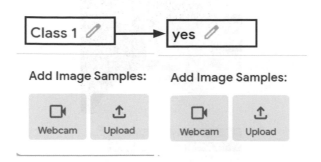

Step 6   修改 Class 2，改成 no。

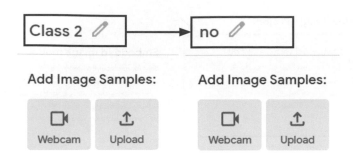

Step 7   點擊 yes 下面的 Webcam 圖示，如果有 webcam 下，就會開啟攝影機。
(如果有詢問是否開啟攝影機，請點 Yes)

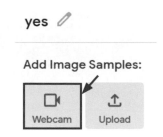

Step 8   當 webcam 啟動後，點選下面的 Hold to Record 按鈕。

Step 9 替自己新增 20 多張照片，頭部稍微擺動，讓它每個角度都可以拍到。

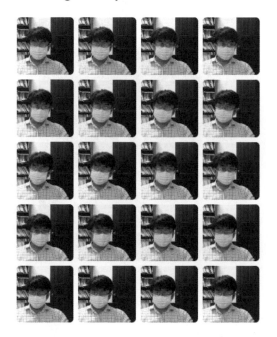

Step 10 接下來點擊 no 下面的 Webcam 圖示。

Step 11 一樣點擊下面的 Hold to Record 按鈕。

Step 12 替自己新增 20 多張照片，頭部稍微擺動，讓它每個角度都可以拍到。

27 Image Samples

Step 13 好了以後,點擊中間的 Train Model。

Step 14 稍微等待一陣子以後,便可以看到已經在進行辨識,但這個是在電腦上用 webcam 做辨識,我們希望的是能夠用 PocketCam 做辨識,所以,我們得繼續下面的步驟。

Step 15 點擊上方的 Export Model。

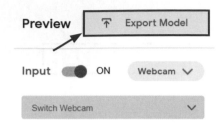

Step 16 點擊後,會出現一個視窗,點擊上面的 Upload my model。

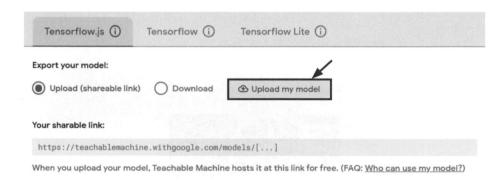

Step 17 等待一會後,當出現完整的連結時,點擊上面的 Copy。

Step 18 回到 C Blockly 後，首先拉出一個啟動與無限循環積木。

Step 19 在啟動中加入連到 AP 與 google 辨識檔積木，最重要的是，將剛才的網址貼入到積木中。

Step 20 在無限循環中加入下面的積木，並燒錄到 PocketCam 中，記得板子類型要選擇 PocketCam。

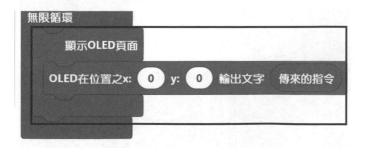

完整程式碼

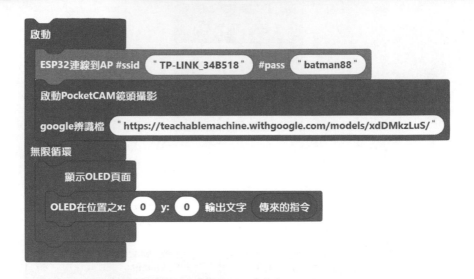

啟動

ESP32連線到AP #ssid 「TP-LINK_34B518」 #pass 「batman88」

啟動PocketCAM鏡頭攝影

google辨識檔 「https://teachablemachine.withgoogle.com/models/xdDMkzLuS/」

無限循環

顯示OLED頁面

OLED在位置之x: 0 y: 0 輸出文字 傳來的指令

- 活動結果

打開瀏覽器，鍵入 PocketCam 的 IP 位址，便可以看到下面的畫面。

Teachable Machine Image Model

Teachable Machine

no　70%

而且 OLED 也會顯示辨識的結果出來

實際上偵測時，會因為你的拍攝角度跟拍攝攝影機位子不同，而且用 webcam 跟用 PocketCam 的解析度也不一樣，再加上照片張數不多，容易造成辨識上出現問題，因此，請調整一下拍攝角度，在有正確結果的地方使用。

8-3 利用 MobileNet 做物品辨識

一般來說，為了做物品辨識，你就必須有大量的記憶體去存放物品的特徵，這樣的使用，對於一般的電腦來說，可能還可以輕鬆做到，但是對於低運算的行動裝置，例如手機等等，這樣的使用方式就顯得不合適，尤其是有些是透過網路下載訓練好的模型進行辨識，如果模型太大，導致下載太慢，也會影響使用，舉個簡單例子，當你的車子在馬路上做自動駕駛，辨識模型如果過大，導致辨識速度如果過慢，車就會發生意想不到的危險，因此如何將模型壓縮以及增快運算速度，就成了一個難題，Google 的研究團隊於 2017 年提出了 CNN 模型，裡面最著名的就是 MobileNet，MobileNet 是一種輕量級的人工智慧，它用於辨識各種物品，在下面的活動中，你可以看到，MobileNet 可以快速辨識多樣物品，而且它的使用非常簡單。當然人工智慧多少會有些誤判的現象，你可以拿來玩玩！

活動一　利用 **MobileNet** 辨識物品

● 活動說明

利用 MobileNet 積木和 PocketCam 製作出可以辨識物品的攝影機。

● 新增積木

••• CAMERA	影像	啟動PocketCAM鏡頭攝影 網頁 MobileNet ▼

這個積木其實之前也出現過，但那時使用的是標準網頁選項，當我們選擇 MobileNet 時，它就變成了 MobileNet 的網頁

● 活動流程

Step 1　先拉一個啟動與無限循環積木。

Step 2　在啟動中加入下面積木並填入 AP 的帳號密碼後，燒錄到板子上，記得板子類型要選擇 PocketCam。

● **活動結果**

當你打開瀏覽器,在瀏覽器上打上 192.168.0.102 時,你就可以看到下面的畫面,它會偵查你的影像,並快速辨識影像中的物品為何。

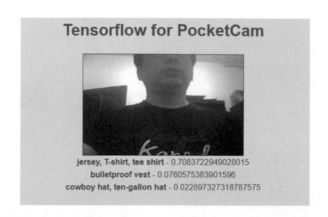

因為 MobileNet 的辨識結果非常多樣,所以這邊沒有特別做回傳積木,如果想要辨識物品,並根據辨識的物品回傳結果的,可以參考 Google Teachable Machine 那個章節。

8-4 利用 PoseNet 做身體姿態檢測

PoseNet 是一種偵測人體的人工智慧模型,可以用來針對圖片與影像中人體部位在整個畫面中的位置,可以偵測出十七個節點位置,而在 bDesigner 的 C Blockly 積木中,PoseNet 有兩組積木,一組是 ml5.js,一組則是 tensorflow.js,ml5.js 速度較慢,tensorflow.js 速度較快,為了讓你體驗這兩個速度上的差距,保留了這兩組的積木讓你體驗兩者的速度,但使用上,還是以比較快的 tensorflow.js 為主,筆者擷取了 tensorflow.js 的影片,並在上面繪製出相關的位置,讓你可以更加瞭解這些點的相關資訊。

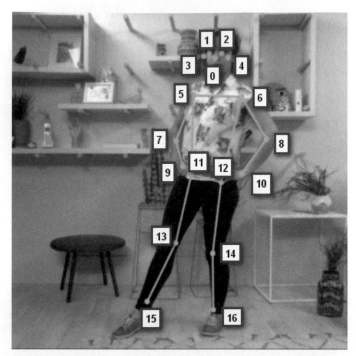

▲ 圖片 8-4-1 PoseNet 節點（擷取：tensorflow 官方網站）
https://tensorflow.google.cn/images/lite/models/pose_estimation.gif?hl=zh-cn

編號	位置名稱	編號	位置名稱
0	鼻子	1	左眼
2	右眼	3	左耳
4	右耳	5	左肩
6	右肩	7	左手肘
8	右手肘	9	左手腕
10	右手腕	11	左臀
12	右臀	13	左膝
14	右膝	15	左腳踝
16	右腳踝		

有了上面的幾個部位之後，就可以拿來做些控制，積木上分別提供 ml5 以及 tensorflow.js 兩種積木，我個人建議最好用 tensorflow.js 積木，這組積木速度比較快一點。

活動一　顯示 POSENET 的節點 (ml5)

● 活動說明：

在這個活動中，我們顯示 PoseNet 的各個節點，但不回傳座標值，因為 ml5 的速度較慢，如果再回傳的話，整個畫面會非常 lag。

● 新增積木

| | | 啟動 PocketCam 鏡頭攝影有很多功能，PoseNet 就是其中之一，用它就可以簡單的啟動具有人工智慧的視訊 |

● 活動流程

Step 1　先拉一個啟動與無限循環積木。

Step 2　在啟動中加入下面的積木並燒錄到板子，記得板子類型要選擇 PocketCam。

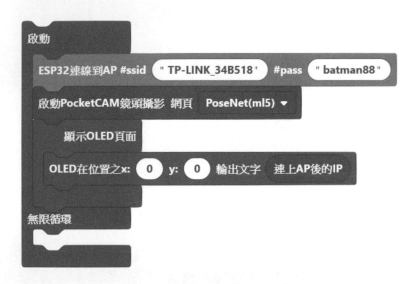

● **活動結果**

這組 PoseNet 會顯示各個偵測到的位子的點座標，但速度比較慢些，有時函式庫下載有問題時，請重新整理網頁。

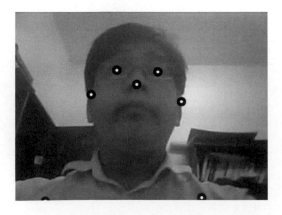

活動二　顯示 POSENET 座標 (tensorflow.js)

- **活動說明：**

同一組積木，現在改成用 tensorflow.js 來顯示 PoseNet 座標。

- **新增積木**

		啟動 PocketCam 鏡頭攝影有很多功能，PoseNet 就是其中之一，用它就可以簡單的啟動具有人工智慧的視訊

- **活動流程**

Step 1　先拉一個啟動與無限循環積木。

Step 2　在啟動中加入下面的積木並燒錄到板子，記得板子類型要選擇 PocketCam。

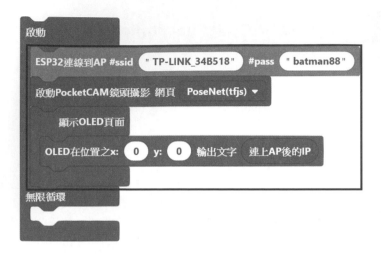

● 活動結果

Tensorflow.js 這個功能雖然沒有畫出各個位子的點，但是有提供相對的位置，
之後你就可以根據這些位置，做硬體的控制。

```
nose(129, 134)
leftEye(105, 105)
rightEye(163, 112)
leftEar(76, 121)
rightEar(204, 135)
leftShoulder(52, 258)
rightShoulder(232, 265)
leftElbow(59, 261)
rightElbow(154, 192)
leftWrist(77, 263)
rightWrist(168, 236)
leftHip(97, 254)
rightHip(149, 256)
leftKnee(137, 275)
rightKnee(165, 233)
leftAnkle(165, 236)
rightAnkle(162, 235)
```

活動三　顯示並回傳鼻子座標 (tensorflow.js)。

• 活動說明

目前 bDesigner 提供三個點的回傳，這個活動做一個點的 X 軸和 Y 軸座標回傳，並顯示在 OLED 上面。

• 活動流程

Step 1　首先組出活動二的範例。

STEP2　接著組出無限循環的積木並燒錄到板子，記得板子類型要選擇 PocketCam。

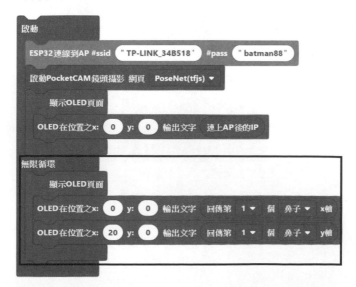

● **活動結果**

除了瀏覽器會顯示各個部份的位子外。

nose (147, 101)
leftEye (125, 81)
rightEye (175, 85)
leftEar (90, 118)
rightEar (208, 123)
leftShoulder (58, 267)
rightShoulder (260, 253)
leftElbow (292, 208)
rightElbow (292, 214)
leftWrist (315, 185)
rightWrist (319, 187)
leftHip (323, 187)
rightHip (323, 185)
leftKnee (302, 201)
rightKnee (304, 202)
leftAnkle (297, 212)
rightAnkle (319, 192)

OLED 還會顯示鼻子的位置。

OLED 實際顯示會比網頁上的顯示稍微慢些，但辨識速度還是很快。

8-5 利用 HandPose 做手部姿態辨識

HandPose 是一種已經訓練好的手部模型，它可以顯示出手部的 21 個重要部分，在 bDesigner 的 Blockly 中，原本是使用 ml5 來做 HandPose，但 ml5 的效能太慢，所以後來改用 tensorflow.js，在它的官方網站，你可以看到下面有一個展示的影片以及對應的程式碼，影片的部分，它展示了使用 HandPose 後，你將可以偵測到 21 個節點 (Keypoint)，筆者將其節錄後，並標示上這 21 個節點位置以及名稱。

▲ 圖 8-5-1 手部節點 (出處 tensorflow github 網站)
https://github.com/tensorflow/tfjs-models/raw/master/handpose/demo/demo.gif

Keypoint	名稱	Keypoint	名稱
0	手腕	1	大拇指根部
2	大拇指第二節	3	大拇指第一節
4	大拇指	5	食指根部
6	食指第二部	7	食指第一節
8	食指	9	中指根部
10	中指第二節	11	中指第一節
12	中指	13	無名指根部
14	無名指第二節	15	無名指第一節
16	無名指	17	小拇指根部
18	小拇指第二節	19	小拇指第一節
20	小拇指		

如果你想要自己訓練這樣的偵測，你必須要建立大量的訓練資料，但現在 tensorflow.js 已經幫你建好了，你可以直接使用，而且在 bDesigner 的 C Blockly 中，已經內建了這個積木組，可以讓你快速使用 tensorflow.js 的 HandPose，只是回傳的部分，目前積木只支援回傳三個點的 X 軸與 Y 軸，但這已經足夠應付你製作人工智慧遊戲所需要的座標，下面筆者展示如何使用這個手部辨識積木。

活動一　顯示 HandPose 座標

● 活動說明

這個活動讓你顯示 HandPose 的座標在網頁上面。

● 新增積木

		啟動 PocketCam 鏡頭攝影有很多功能，HandPose 就是其中之一，用它就可以簡單的啟動具有人工智慧的視訊
CAMERA	攝影	啟動PocketCAM鏡頭攝影 網頁 Handpose(tfjs) ▼

● **活動流程**

Step 1 先拉一個啟動與無限循環積木。

Step 2 在啟動中加入下面積木並填入 AP 的帳號密碼後,燒錄到板子上,記得板子類型要選擇 PocketCam。

● **活動結果**

打開瀏覽器,上面輸入你的 IP 位置後,當出現視訊後,將你的手對著 camera 的部分,下面就會顯示手部辨識的位置。

```
Keypoint 0  (183,182,0)
Keypoint 1  (150,161,-1)
Keypoint 2  (129,136,1)
Keypoint 3  (112,116,2)
Keypoint 4  (97,105,3)
Keypoint 5  (166,104,13)
Keypoint 6  (161,75,18)
Keypoint 7  (161,56,21)
Keypoint 8  (162,41,22)
Keypoint 9  (188,103,13)
Keypoint 10 (195,72,19)
Keypoint 11 (200,50,21)
Keypoint 12 (203,34,22)
Keypoint 13 (208,109,11)
Keypoint 14 (221,83,16)
Keypoint 15 (229,64,18)
Keypoint 16 (234,50,20)
Keypoint 17 (225,122,8)
Keypoint 18 (243,105,11)
Keypoint 19 (255,95,13)
Keypoint 20 (264,85,14)
```

活動二　顯示並回傳手部部分座標

● 活動說明

將回傳手部的節點值顯示在 OLED 上面，有了手部的座標以後，你之後還可以進一步用來控制硬體。

● 新增積木

••• CAMERA	攝影	回傳第 1 ▼ 個 手腕 ▼ x軸	回傳辨識到的部位 x 軸。
••• CAMERA	攝影	回傳第 1 ▼ 個 手腕 ▼ y軸	回傳辨識到的部位 y 軸。

● 活動流程

Step 1　首先組出活動一的範例。

Step 2　接著組出無限循環的積木並燒錄到板子，記得板子類型要選擇
PocketCam。

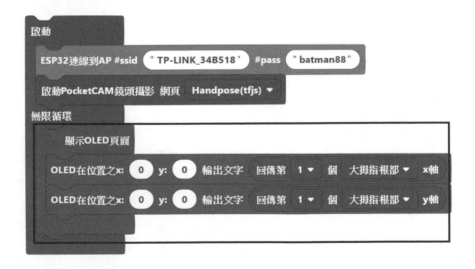

● 活動結果

除了在瀏覽器會顯示出辨識到的 X 軸與 Y 軸數字。

有了回傳座標，你可以簡單的使用這些座標進行手勢辨識，還可以順便利用這些手勢辨識做硬體控制歐！

附件一、
Blynk APP

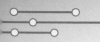

一般開發板燒錄好程式後，如果臨時要做內部資料設定，需要透過序列埠以文字模式連線做設定，非常不方便，有了 Blynk APP 就可以透過網路遠端給設備做設定，例如：使用 PocketCard 開發板做了一個手錶，要調整時間或設定鬧鐘就可以使用 Blynk APP 來遠端設定。

Blynk 簡介

Blynk 是一個行動裝置的應用軟體 (APP)，能讓使用者在行動裝置上快速建立視覺化的面板，方便使用行動裝置免寫程式來操控和監測硬體設備，Blynk APP 支援以 Andriod 或 iOS 為作業系統的行動裝置，設備端支援 Arduino、Raspberry Pi、Particle、ESP32/8266、Linklt7688/7697 等開發板，設備透過網際網路遠端與 Blynk 溝通，是一款試用軟體，目前免費版附有 2,000 點的能量包，在設計 APP 時使用元件需要付出對應的能量點數，例如：按鈕 (Button)200 點、搖桿 (Joystick)400 點、數值顯示 (Value Display)200 點、測量面板 (Gauge)300 點等。

- **安裝 Blynk App**

- 行動裝置下載 「Blynk」後安裝，並開啟手機中的 Blynk APP

- **登入 Blynk App**

如已註冊帳號請使用已註冊電子郵件帳號登入 (Log In)。

如尚未註冊過，請使用 (Create New Account) 註冊新帳號，註冊時需使用正確
電子郵件，並按「Sign Up」註冊。

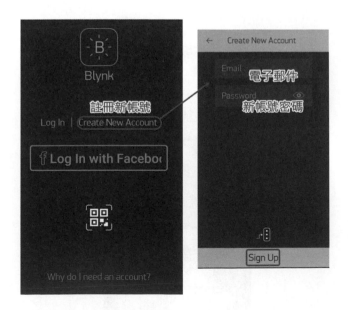

新增 Blynk App 專案

登入後按「New Project」新增專案

輸入專案名稱,並選擇欲連線之開發板為「ESP32 Dev Board」

專案建立 (Create) 後會將連線權杖 (Auth Token) 寄送至註冊的電子郵件中，連線權杖在撰寫開發板程式 (積木程式) 時會用到。

新增視覺化元件

當專案新增完畢後，在「APP 設計版面」往左滑動或按右上「+」新增元件

選取按鈕 (Button) 元件後，設計版面上出現「按鈕」元件

點選元件可以進入「元件屬性設定」頁面。

依據所選元件會有不同的屬性設定，元件共同屬性有「元件標題」、「腳位定義」、「字體大小」、「顏色」等。

傳輸腳位資料

Blynk APP 與開發板間的訊號資料傳輸方式有兩種：「Digital」為實體數位腳訊號；「Virtual」為虛擬腳位資料，bDesigner 只支援使用「Virtual」傳輸資料。

如下圖點選元件「PIN」屬性，使用手指滑動選擇「Virtual」，並選擇欲傳送資料之腳位「V0 ~ V10」，當資料由 APP 傳至開發板時，其值可為「0~9999」整數，當資料由開發板傳至 APP 時，則其值可為整數或小數，Blynk 限制一秒可以收十筆資料，因此，使用時需特別注意傳送資料後需延遲至少 0.1 秒才能再次傳輸。

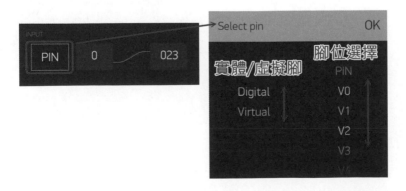

活動一　**顯示溫度及光線值 APP**

● 活動說明：

本活動使用 Blynk APP 透過 WiFi 連線，將 PocketCard 開發板上的溫度及光線感測值顯示於 APP 上。

● 新增積木

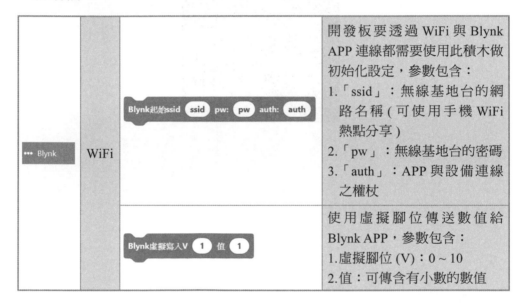

		|開發板要透過 WiFi 與 Blynk APP 連線都需要使用此積木做初始化設定，參數包含： 1.「ssid」：無線基地台的網路名稱 (可使用手機 WiFi 熱點分享) 2.「pw」：無線基地台的密碼 3.「auth」：APP 與設備連線之權杖
••• Blynk	WiFi	
		使用虛擬腳位傳送數值給 Blynk APP，參數包含： 1.虛擬腳位 (V)：0 ~ 10 2.值：可傳含有小數的數值

● 活動流程

Step 1　在「啟動」事件內初始化 Blynk 設定並在 OLED 顯示「Start」文字

1. 在 Blynk 初始積木中輸入無線網路名稱 (ssid) 與密碼 (pw)，再輸入連線之權杖 (auth)，連線權杖可於「Step 3」的新增專案後獲得
2. 在 OLED 左上角顯示「Start」開始執行之提示文字

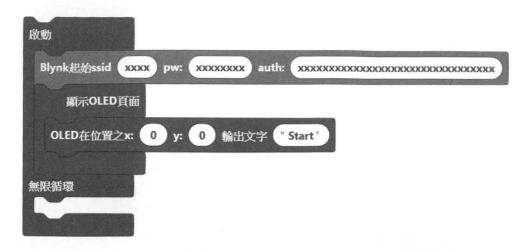

Step 2 在「無限循環」事件內

1. 宣告「溫度」整數變數,並讀取開發板溫度值
2. 宣告「光線 1」整數變數,並讀取開發板光線感測器一的感測值
3. 將「溫度」值透過虛擬腳位 V0 傳送給 Blynk APP
4. 將「光線 1」值透過虛擬腳位 V1 傳送給 Blynk APP
5. 延遲 2 秒鐘後重複執行
6. 將程式燒錄至 PocketCard 開發板

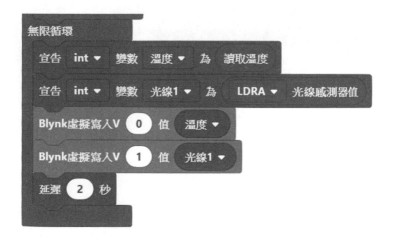

Step 3 開始設計行動裝置 APP 視覺化的面板

1. 開啟行動裝置「Blynk APP」
2. 新增專案 (New Project)
3. 輸入專案名稱「顯示溫度光線值」、選擇欲連線之開發板為「ESP32 Dev Board」
4. 至電子郵件收取連線權杖 (Auth Token)
5. 將權杖填入至 Blynk 初始積木權杖 (auth) 參數中

Step 4
1. 在設計版面放置二個指針錶 (Gauge) 元件
2. 左側「指針錶」元件標題屬性為「溫度」，虛擬腳位為「V0」範圍為「0 ~ 50」，設為大字體
3. 右側「指針錶」元件標題屬性為「光線值 A」，虛擬腳位為「V1」範圍為「0 ~ 4095」，設為大字體

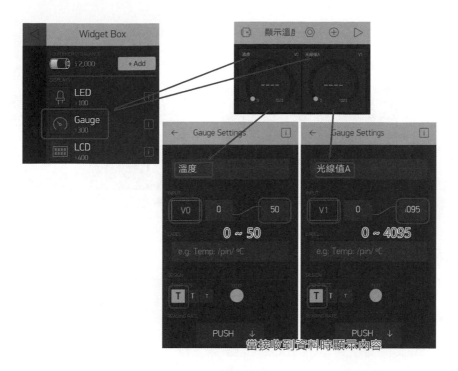

Step 5 回到設計版面，按右上執行專案圖示，開始執行專案

- 活動結果

▲ 控制板 OLED 顯示「Start」

▲ APP 顯示溫度及光線值

活動二　手動調整 RGB LED 顏色、自動讀取光線感測器

- 活動說明：

透過 Blynk APP 點亮或熄滅 PocketCard 開發板上的 RGB LED，可在 APP 上手動調整 RGB LED 的顏色，並且設定每 2 秒鐘讀取一次開發板光線感測器 A 的光線值資料，顯示於 APP 上。

- 新增積木

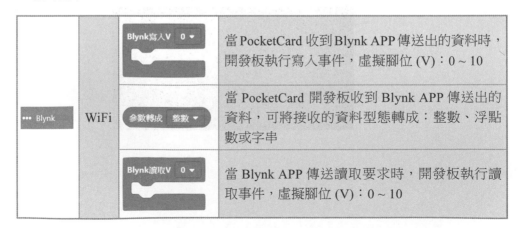

••• Blynk	WiFi	Blynk寫入V 0 ▾	當 PocketCard 收到 Blynk APP 傳送出的資料時，開發板執行寫入事件，虛擬腳位 (V)：0 ~ 10
		參數轉成 整數 ▾	當 PocketCard 開發板收到 Blynk APP 傳送出的資料，可將接收的資料型態轉成：整數、浮點數或字串
		Blynk讀取V 0 ▾	當 Blynk APP 傳送讀取要求時，開發板執行讀取事件，虛擬腳位 (V)：0 ~ 10

• 活動流程

Step 1　因為要在不同的事件中共用變數，因此先在「啟動」事件積木的上面宣告四個全域整數，並給予預設值

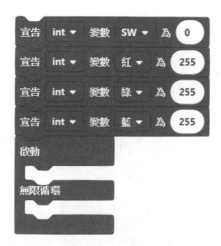

Step 2　在「啟動」事件內初始化 Blynk 設定並在 OLED 顯示「LED OFF」文字

1. 在 OLED 左上角顯示「LED OFF」表示 RGB LED 目前狀態之提示文字
2. 在 Blynk 初始積木中輸入無線網路名稱 (ssid) 與密碼 (pw)，再輸入連線之權杖 (auth)，連線權杖可於「Step 6」新增專案中獲得

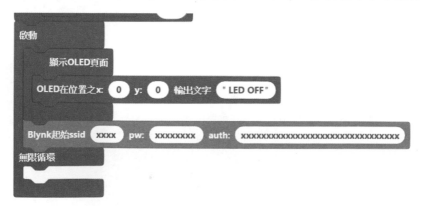

Step 3 在「無限循環」事件內

1. 清除 OLED 螢幕
2. 判斷目前 OLED 的狀態,「0:熄滅」;「1:亮燈」
3. 延遲 0.2 秒後重複執行

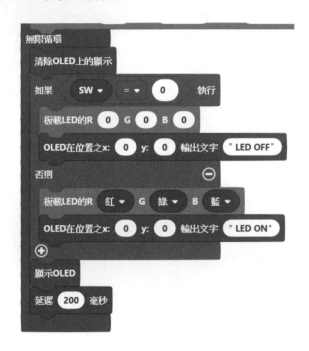

Step 4 當 Blynk APP 傳送資料給 PocketCard 開發板時,將觸發對應的寫入事件,並執行事件內的積木程式

1. 當 Blynk APP 按下「LED 開關」按鈕時,將觸發「Blynk 寫入 V0」事件,並將傳來的資料轉成整數後記錄在「SW」全域變數中
2. 在 Blynk APP 上用手指滑動「彩色斑馬」圖時,將分別觸發「Blynk 寫入 V1~V3」事件,並將傳來的「R、G、B」資料轉成整數後記錄在「紅、綠、藍」全域變數中

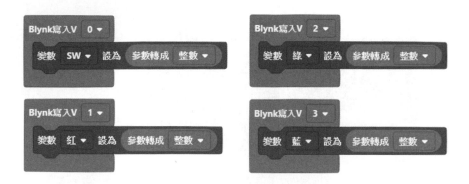

Step 5 設定當 Blynk APP 要求傳送光線感測值資料時,將觸發「Blynk 讀取 V4」事件並執行事件內的積木程式

　　　1. 將「光線感測器 A」的感測值資料,使用虛擬腳位「V4」傳送回 Blynk APP

　　　2. 在 PocketCard 開發板 OLED 第二行顯示「Read」文字

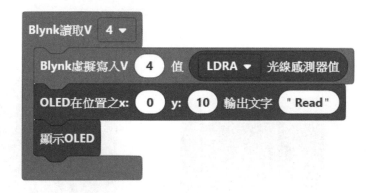

Step 6 開始設計行動裝置 APP 視覺化的面板

　　　1. 開啟行動裝置「Blynk APP」

　　　2. 新增專案 (New Project)

　　　3. 輸入專案名稱「全彩 LED」、選擇欲連線之開發板為「ESP32 Dev Board」

　　　4. 至電子郵件收取連線權杖 (Auth Token)

　　　將權杖填入至 Blynk 初始積木權杖 (auth) 參數中

收電子郵件

Step 7   1. 在「APP 設計版面」在左側放置「zeRGBa」元件，當用手指滑動「彩色斑馬」圖時，會送「紅、綠、藍」三種顏色的資料給 PocketCard 開發板

2. 右上角放置「Button」元件，做為 PocketCard 開發板全彩 LED 開關

3. 右側放置「Value Display」元件，每隔二秒顯示 PocketCard 開發板光線感測值

4. 依下面圖示設定三個元件的屬性

• 活動結果

▲ 控制板 OLED 顯示全彩 LED 狀態　　▲ APP 顯示彩色斑馬與光線感測值

MEMO